工程造价轻课系列(互联网＋版)

造价实战操作篇　讲效率　不拖延

鸿图教育　主　编

U0215081

清华大学出版社
北　京

内 容 简 介

本书以国家住房和城乡建设部颁布的《建设工程工程量清单计价规范》（GB 50500—2013）、《房屋建筑与装饰工程工程量计算规范》（GB 50854—2013）、《河南省房屋建筑与装饰工程预算定额》（HA 01—31—2016）上、下册为依据，以整套"五层办公楼"图纸为依据，围绕"钢筋和土建工程量计算"这一主题，在"广联达 BIM 钢筋算量软件 GGJ2013"以及"广联达 BIM 土建算量软件 GCL2013"中进行操作。

本书从建模开始到绘制完成，步步为营，把梁、板、柱等的画法分为不同板块依次进行绘制，详细讲述了钢筋算量软件和土建算量软件的基础知识、界面介绍、通用功能、绘制输入、表格输入和报表预览等内容。

本书适合工程造价、工程管理、房地产管理与开发、建筑工程技术、工程经济等造价相关专业即将毕业以及刚刚或准备从事造价行业的人员学习参考，也可以作为造价人员自学的首选书籍，还可供结构设计人员、施工技术人员、工程监理人员等参考使用，同时也可以作为高等院校的教学和参考用书。

图书在版编目(CIP)数据

造价实战操作篇　讲效率　不拖延/鸿图教育主编. —北京：清华大学出版社，2018(2022.5 重印)
(工程造价轻课系列(互联网+版))
ISBN 978-7-302-50157-2

Ⅰ．①造…　Ⅱ．①鸿…　Ⅲ．①建筑造价　Ⅳ．①TU723.3

中国版本图书馆 CIP 数据核字(2018)第 112441 号

责任编辑：桑任松
封面设计：李　坤
责任校对：王明明
责任印制：朱雨萌

出版发行：清华大学出版社
　　　　　网　　　址：http://www.tup.com.cn, http://www.wqbook.com
　　　　　地　　　址：北京清华大学学研大厦 A 座　　　邮　　编：100084
　　　　　社 总 机：010-83470000　　　　　　　　　邮　　购：010-62786544
　　　　　投稿与读者服务：010-62776969, c-service@tup.tsinghua.edu.cn
　　　　　质量反馈：010-62772015, zhiliang@tup.tsinghua.edu.cn
　　　　　课件下载：http://www.tup.com.cn, 010-62791865
印 装 者：北京嘉实印刷有限公司
经　　销：全国新华书店
开　　本：185mm×230mm　　印　张：15.25　　字　数：300 千字
版　　次：2018 年 7 月第 1 版　　　　　印　次：2022 年 5 月第 7 次印刷
定　　价：48.00 元

产品编号：077111-01

前　言

随着建筑产业市场的飞速发展，工程造价行业的业务规模和需求也得到了迅猛发展，随着科技的不断更新换代，广大的造价工作人员也开始通过利用信息技术，对提高管理质量、工作效率的业务意识有了极大的关注。目前多数的工程招标投标环节都使用了相关的计算机软件工具，在工程量清单招标、定标的新时期，更是要求广大造价工作人员全面地掌握技术、经济、管理、商务、合同、计算机软件的专业能力。相对于传统的手工算量中的计算步骤烦琐、计算任务量大、计算错误率高等问题，通过广联达算量软件来计算工程量就显得快速、准确、效率高。因此，现阶段熟练地掌握应用算量软件开展业务已经成为一名造价工作者必不可少的能力之一。

本书以某五层办公楼为主线，内容包含钢筋工程算量和土建工程算量两部分，主要围绕"钢筋和土建工程量计算"这一主题展开，采用市场上应用较为广泛的"广联达 BIM 钢筋算量软件 GGJ2013"以及"广联达 BIM 土建算量软件 GCL2013"进行操作，介绍某五层办公楼的钢筋和土建工程量的计算。内容包含钢筋算量软件和土建算量软件的基础知识、界面介绍、通用功能、绘图输入、表格输入和报表预览。本书为读者学习软件计算以及相应的工程计价提供铺垫。

本书与同类书相比具有以下几个显著特点。

(1) 实战操作性强。以一套完整的某五层办公楼实例图纸进行讲解，贴近工程实际，演示操作步骤，清晰明了。

(2) 技巧性强。考虑画图以及导图的方便，先进行钢筋算量相关图纸绘制或导入，然后借助钢筋算量进行土建算量的图纸绘制或导入。

(3) 图文并茂。书中对软件的每一操作步骤都放置有操作截图并配有详细的文字说明。

(4) 配套大量的图片、录音、音频与讲解等通过扫描二维码的形式再次对操作过程以及操作技巧进行诠释，直观形象、真实性强，多方面地提供学习的便利和提升学习的兴趣。

本书由鸿图教育主编，由黄华和杨霖华担任总策划，由张利霞、闫振和赵小云担任副主编，其中本书的第 1 章和第 6 章由张利霞和李颖共同负责编写，第 2 章由闫振和赵小云负责编写，第 3 章由张利霞负责编写，第 4 章由孙艳涛负责编写，第 5 章由赵小云和雷亚设负责编写，第 7 章由孙艳涛和刘瀚负责编写，全书由张利霞和赵小云负责统稿。

　　本书在编写过程中得到了许多同行的支持与帮助，在此表示感谢。由于编者水平有限，书中难免有错误和不妥之处，望广大读者批评指正。如有疑问，可发邮件至 zjyjr1503@163.com 或是申请加入 QQ 群 465893167 与编者联系，同时也欢迎关注微信公众号"鸿图造价"反馈问题。

编　者

目 录

第1章 绪论

1.1　我是 BIM

BIM 是 Building Information Modeling 的缩写，中文全称为"建筑信息模型"。它是引领建筑业信息技术走向更高层次的一种新技术，它的全面应用将为建筑业界的科技进步产生不可估量的影响，它将大大提高建筑工程的集成化程度。同时，它也为建筑业的发展带来巨大的效益，使设计乃至整个建筑工程的质量和效率有显著提高。

BIM 是以三维(3D)数字技术为基础，集成了建筑工程项目各种相关信息的工程数据模型，是对该工程项目相关信息的详尽表达。BIM 是数字技术在建筑工程中的直接应用，以解决建筑工程在软件中的描述问题，使设计人员和工程技术人员能够对各种建筑信息做出正确的应对，并为协同工作提供坚实的基础。

BIM 同时又是一种应用于设计、建造、管理的数字化方法，这种方法支持建筑工程的集成管理环境，可以使建筑工程在其整个进程中显著提高效率和大量减少风险。由于 BIM 需要支持建筑工程全生命周期的集成管理环境，因此 BIM 的结构是一个包含有数据模型和行为模型的复合结构。它除了包含与几何图形及数据有关的数据模型外，还包含与管理有关的行为模型，两相结合通过关联为数据赋予意义，因而可用于模拟真实世界的行为，如模拟建筑的结构应力状况、围护结构的传热状况。当然，行为的模拟与信息的质量是密切相关的。

BIM 的作用.mp3

但 BIM 不仅仅是建模，也不仅仅是能建模的软件，更重要的是它提供了一种建立在全新的信息化系统上的项目管理方法。即参建各方在设计、施工、项目管理、项目运营等各个过程中将所有信息整合在统一的数据库中，通过信息仿真模拟建筑物所具有的真实信息，为建筑的全生命周期管理提供平台。这种方法支持建筑工程的集成管理环境，信息质量高、可靠性强、集成程度高、完全协调，支持项目各种信息的连续应用及实时应用，使建筑工程在其整个进程中显著提高效率、质量，减少风险，降低成本。

BIM 的概念.mp3

应用 BIM，马上可以得到的好处就是使建筑工程更快、更省、更精确，各工种配合得更好和减少了图纸的出错风险，而长远得到的好处已经超越了设计和施工的阶段，惠及将来的建筑物的运作、维护和设施管理，并且可持续地节省费用。

BIM 的特性.mp3

1.2 想知道 BIM 在工程造价中是如何应用的吗

BIM 主要是指随着科学技术的发展，在工程造价中以往的手工绘图被计算机辅助绘图和设计所取代，通过在建筑工程的设计、预算、施工、成本管理以及运行维护阶段采用 BIM 技术，使得在项目作业过程中更加系统化。同时由于 BIM 技术能够高效率地进行数据处理，从而加强了整个项目数据的精确化，对控制投入成本、节约能源方面具有重要作用。现阶段，我国工程造价行业的发展水平与发达国家相比存在很大的差距，在工程造价环节还存在很多的问题，不仅会对我国造价环节带来一定的错误，影响工作效率，同时对我国建筑行业的发展也会带来负面的影响。

基于 BIM 的工程造价软件在造价管理中所起的作用，主要表现在以下两个方面。

1. 提高了造价编制的工作效率

基于 BIM 技术的算量软件将按专业划分的算量软件整合在一起，保证了项目多专业的后期集成，同时分离了各专业的计算特性，专业计算特性集成方式与模型平台有效整合，保证了模型的完整集成与计算特性的分离，这使得建模与计算更为高效、模型显示更直观，同时也保持了与 BIM 模型数据之间的相互关联性与统一性。

2. 促进计价软件与算量软件的协同与集成

整合算量和计价软件以实现基于 BIM 编制造价的需求，不仅可提高造价编制的效率以及信息描述的准确性、一致性和规范性，而且为基于建筑模型的清单项目编制建立数据信息通道，使得清单与模型实现有效连接，清单信息成为模型信息输入、实时查询、统计、分析的提供者，同时为后期造价指标数据的积累和应用提供了可视化的模型信息基础，使指标运用合理化，为基于 BIM 的投资估算、项目指标分析提供充分的后台数据支撑。

1.2.1 决策阶段

项目投资决策阶段的主要工作是协助业主(建设单位)进行设计方案的比选，这个阶段的工程造价，往往不是对分部分项工程量、工程单价进行准确掌控，更多是基于单项工程为计算单元的项目造价的比选。BIM 技术的应用有利于历史数据的积累，并基于这些数据抽取造价指标，快速指导工程估算造价，如通过类似工程的单方造价即可估算这个项目的大致费用。利用 BIM 数据库中历史工程的模型进行相应的调整，就能估算出新建项目的总体投资，提高了新建项目对投资额估算的准确性，便于建设单位筹措充足的资金。

1.2.2 ‖ 设计阶段

设计阶段的主要工作有设计概算和施工图预算。据有关资料统计，设计阶段影响工程造价的因素达到了 35%～75%，因此，提高设计质量、优化设计方案对工程造价的控制具有极为关键的作用。利用 BIM 模型进行工程造价的数据测算，可以大幅度提高工程造价测算的准确度和精度。通过企业 BIM 数据库可以累积企业所有项目的历史指标，包括不同部位钢筋含量指标、混凝土含量指标、不同区域的造价指标等，使设计人员从中获取历史数据和相关设计指标，很好地实现限额设计，避免建造成本甚至后期成本不必要的浪费。

1.2.3 ‖ 招投标阶段

在招投标阶段，工程量计算需要工程造价人员花费大量时间和精力，在目前工程量清单计价的模式下，招标方、投标方都需要计算两遍工程量。招标方既需要计算清单量，又要计算标底定额消耗的工程量，并且需要对清单项目进行详细的项目特征描述。由于计算的人员不同、计算规则不同，两遍计算得出的计算结果也不同。随着 BIM 技术的推广与应用，建设单位或造价咨询单位可以根据设计单位提供的富含丰富数据信息的 BIM 模型快速、高效地抽调出工程量信息，根据具体的项目特征编制准确的工程量清单，可以有效地避免清单漏项和错算等情况，最大限度地减少施工阶段因工程量问题而引起的纠纷。

1.2.4 ‖ 施工阶段

施工阶段工程造价控制的基本思想是把计划投资额作为造价控制的目标值。在进行图纸会审时，借助 BIM 模型有利于各专业开展数据整合和多维的碰撞检测，能更直观地发现问题，减少变更和返工的损失。利用 3D-BIM 模型加上成本、时间就可变成 5D-BIM 模型，建设单位能对资金计划、进度计划进行合理安排，及时审核工程进度款的支付情况。对施工单位而言，借助 BIM 模型中材料数据库的信息，施工单位可以在施工阶段严格按照合同控制材料的用量，确定合理的材料价格，发挥限额领料的真正作用，实时把握工程成本信息，实现成本的动态管理，利于开展多算对比和成本分析工作。

1.2.5 ‖ 竣工结算阶段

传统基于二维图纸的工程竣工结算极为烦琐，需计算施工图纸中的工程量，还要结合设计变更单、工程联系单进行工程量的计算。就工程量核对而言，双方造价工程师需要按照各自工程量计算书逐个构件地核对，当遇到出入较大的部分，更需要按照各个轴线各个计算公式去核查工程量的计算过程。通过 BIM 可实现三维可视化的审核对量，这对于结算资料的完备性和规范性具有很大的作用。

1.3　BIM 带大家玩穿越——展望未来

当前，有关建筑设计信息化的各种概念及术语已日趋普及，同时各地不断涌现出一些造型独特的地标性建筑，这一切似乎预示着建筑设计行业即将迎来一场技术变革。建筑设计信息化的具体内容是什么？主流技术正朝着什么方向发展？新技术是否意味着更多的"奇形怪状"的建筑作品？国内设计院所应何去何从？要回答这一系列的问题，不妨先从协同设计及 BIM 技术两方面谈起。

1.3.1　协同设计与 BIM 技术的融合

目前我们所说的协同设计，很大程度上是指基于网络的一种设计沟通交流手段，以及设计流程的组织管理形式。具体包括：通过 CAD 文件之间的外部参照，使得工种之间的数据得到可视化共享；通过网络消息、视频会议等手段，使设计团队成员之间可以跨越部门、地域甚至国界进行成果交流、开展方案评审或讨论设计变更；通过建立网络资源库，使设计者能够获得统一的设计标准；通过网络管理软件的辅助，可以使项目组成员以特定角色登录，以保证成果的实时性及唯一性，并实现正确的设计流程管理；针对设计行业的特殊性，甚至开发出了基于 CAD 平台的协同工作软件等。

而 BIM 的出现，则从另一个角度带来了设计方法的革命，其变化主要体现在以下几个方面：从二维(以下简称 2D)设计转向三维(以下简称 3D)设计；从线条绘图转向构件布置：从单纯几何表现转向全信息模型集成；从各工种单独完成项目转向各工种协同完成项目；从离散的分步设计转向基于同一模型的全过程整体设计；从单一设计交付转向建筑全生命周期支持。BIM 带来的是激动人心的技术冲击，而更加值得注意的是，BIM 技术与协同设计技术将成为互相依赖、密不可分的整体。协同是 BIM 的核心概念，同一构件元素只需输入一次，各工种可共享元素数据并从不同的专业角度操作该构件元素。从这个意义上说，协同已经不再是简单的文件参照。可以说 BIM 技术将为未来协同设计提供底层支撑，大幅度提升协同设计的技术含量。BIM 带来的不仅是技术，也将是新的工作流及新的行业惯例。

因此，未来的协同设计，将不再是单纯意义上的设计交流、组织及管理手段，它将与 BIM 融合，成为设计手段本身的一部分。借助 BIM 的技术优势，协同的范畴也将从单纯的设计阶段扩展到建筑全生命周期，需要设计、施工、运营、维护等各方的集体参与，因此它具备了更广泛的意义，从而带来综合效率的大幅度提升。然而，被普遍接受的 BIM 新理念并未普及到实践之中，这使得我们感觉有责任去正视和思考 BIM 设计的优势与不足。从理念到实践经历一个漫长的过程是必然的，并且多种现象表明，该过程在中国可能要更长一些，但是这不应是我们回避问题的理由。

1.3.2 从二维设计到三维 BIM 设计

当前，二维(2D)图纸是我国建筑设计行业最终交付的设计成果，也是目前的行业惯例。因此，生产流程的组织与管理均围绕着 2D 图纸的形成来进行(客观地说，这是阻碍 BIM 技术广泛应用的一个重要原因)。2D 设计通过投影线条、制图规则及技术符号表达设计成果，图纸需要人工阅读方能解释其含义。2D CAD 平台起到的作用是代替手工绘图，即常说的"甩图板"。2D 设计的优势在于 4 个方面：一是对硬件要求低(2D 平台是早期计算机唯一能够支持的 CAD 平台)；二是易于培训，建筑师和工程师在学习了 2D 基本绘图命令，相对于可以代替绘图板及尺规等基本工具以后，就可以开始工作了；三是灵活，用户可以随心所欲地通过图形线条表达设计内容，只要该建筑用 2D 图形可以表达，就不存在绘制不出来的问题，应该说大多数的情况下，2D 的表达是可以满足建筑设计要求的；四是基于 2D CAD 平台有着大量的第三方专业辅助软件，这些软件大幅度提高了 2D 设计的绘图效率。

除了日益复杂的建筑功能要求之外，人类在建筑创作过程中，对于美感的追求实际上永远是第一位的。尽管最能激发想象力的复杂曲面被认为是一种"高技术"和"后现代"的设计手法，实际上甚至远在计算机没有出现，数学也很初级的古代，人类就开始了对于曲面美的探索，并用于一些著名建筑之中。因此，拥有了现代技术的设计师们，自然更加渴望驾驭复杂多变、更富美感的自由曲面。然而，令 2D 设计技术汗颜的是，它甚至连这类建筑最基本的几何形态也无法表达。在这种情况下，三维(3D)设计应运而生。

3D 设计能够精确表达建筑的几何特征，相对于 2D 绘图，3D 设计不存在几何表达障碍，对任意复杂的建筑造型均能准确表现。2016 年国庆前评选出的"北京当代十大建筑"中，首都机场 3 号航站楼、国家大剧院、国家游泳中心等著名建筑名列前茅，这些建筑的共同特点是无法完全由 2D 图形进行表达，这也预示着 3D 将成为高端设计领域的必由之路。

尽管 3D 是 BIM 设计的基础，但并不是其全部。通过进一步将非几何信息集成到 3D 构件中，如材料特征、物理特征、力学参数、设计属性、价格参数、厂商信息等，使得建筑构件成为智能实体，3D 模型升级为 BIM 模型。BIM 模型可以通过图形运算并考虑专业出图规则自动获得 2D 图纸，并可以提取出其他的文档，如工程量统计表等，还可以将模型用于建筑能耗分析、日照分析、结构分析、照明分析、声学分析、客流物流分析等诸多方面。

BIM 系统为项目的生产与管理提供了大量可供深加工和再利用的数据信息，有效管理利用这些海量信息和大数据，需要数据管理系统的支撑。同时，BIM 各系统处理复杂业务所产生的大模型、大数据，对计算能力和低成本的海量数据存储能力提出了较高要求。项目分散、人员工作移动性强、现场环境复杂是制约施工行业信息化推广应用的主要原因，而随着信息技术和通信技术的发展，BIM 技术最终将进入移动应用时代。

因此 BIM 未来的目标非常清晰，表现在以下几个方面。

(1) 进一步细化设计分工和设计角色分工。

(2) 在三维环境下实现协同设计系统、项目管理系统、通信联系 3 个系统嵌入式的结合。

(3) 将信息资源信息与空间模型完全结合，形成完整的建筑信息模型。

(4) 完整的建筑信息模型向前延伸，进一步提高虚拟现实技术水平；完整的建筑信息模型向后延伸，推动施工水平及物业管理水平提高，以统一的模型贯穿于建筑使用年限，实现全生命周期管理。

BIM 是对工程项目信息的数字化表达，是数字技术在建筑业中的直接应用，它代表了信息技术在我国建筑业中应用的新方向。BIM 涉及整个建筑工程全寿命周期各环节的完整实践过程，但它不局限于整个实践过程贯穿后才能实现其价值，而是可以由工程设计先行并实现阶段性的价值。基于此，我国建筑工程设计行业应努力克服非本土化的诸多应用障碍，随着我国建筑行业的快速发展、BIM 技术不断完善以及业主对工程项目建设要求的日益提高，BIM 必将得到更多的应用。随着我国经济的飞速发展和能源问题的日益严重，建筑节能设计将变得越来越重要。不久的将来，综合利用 BIM 和建筑能耗分析进行绿色建筑设计的技术，会越来越完善和成熟。

BIM 的介绍.pptx

第2章 广联达算量软件的自我介绍

2.1　这些菜单命令你会使用吗

2.1.1　广联达算量软件界面介绍

　　算量软件是建筑企业信息化管理不可缺少的工具软件(注："算量"是"计算工程量"的简称)，它具有速度快、准确性高、易用性强、可拓展性好以及协同管理工作灵活等很多优点。现代建筑造型独特，结构复杂，而传统手工计算工程量无论在时间还是在准确性上都存在很多问题，因此算量软件是符合时代发展需求的，是企业节约成本创造利润不可或缺的工具。

　　现在市场上主流的算量软件有广联达、鲁班、神机妙算、南京未来软件、清华斯维尔等，这些软件的算量原理基本类似，这里选择了一套图纸，以广联达算量软件为代表，系统地学习一下算量软件的使用。

　　软件算量并不是说完全抛弃了手工算量的思想。无论是手工算量还是软件算量，所要的量无非是长度、面积、体积。实际上，图形算量软件是将手工的思路完全内置在软件中，只是将过程利用软件实现，依靠已有的计算扣减规则，利用计算机这个高效的运算工具快速、完整地计算出所有的细部工程量，让大家从烦琐的背规则、列式子、敲计算器中解脱出来。在广联达软件中，层高可以确定高度，轴网用来确定位置，属性用来确定截面。设计人员只需把点形构件、线形构件和面形构件在软件中绘制出来，就能根据相应的计算规则快速、准确地计算出所需要的工程量。

　　在使用广联达算量软件进行算量时，一般先使用钢筋算量软件绘制图形(或导入电子版图纸进行识别)并计算钢筋，经检查无误后导入土建算量软件计算土建工程量(两种软件可互导)，所以本书对于广联达算量软件主界面的介绍以钢筋算量软件为主。

　　在正式学习广联达算量软件的使用之前，首先来认识一下广联达钢筋算量软件的主界面。

　　1. 工程设置界面

　　(1) 工程设置界面分为：工程信息、比重设置、弯钩设置、损耗设置、计算设置和楼层设置。

　　(2) 模块导航栏：在软件的各个界面切换，如图 2-1 所示。

　　2. 绘图输入界面

　　绘图输入界面分为：标题栏、菜单栏、工具栏、状态栏和导航栏及绘图区，如图 2-2 所示。

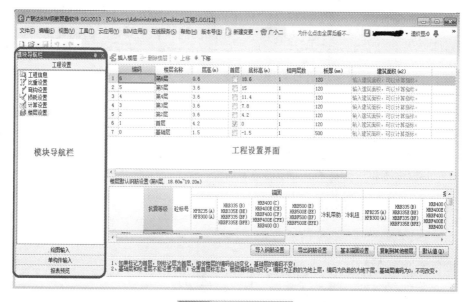

图 2-1　工程设置界面

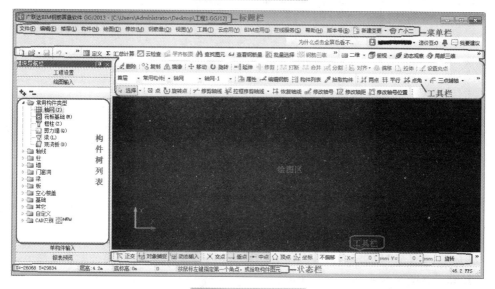

图 2-2　绘图输入界面

(1) 标题栏。标题栏从左向右分别显示广联达 BIM 钢筋算量软件 GGJ2013 的图标，当前所操作的工程文件的存储路径和工程名称，最小化、最大化、关闭按钮。

(2) 菜单栏。标题栏下方为菜单栏，单击每一个菜单名称将弹出相应的下拉菜单。

（3）工具栏。依次为"工程工具栏""常用工具栏""视图工具栏""修改工具栏""轴网工具栏""构件工具栏""偏移工具栏""辅助功能设置工具栏""捕捉工具栏"。

（4）模块导航栏中的构件树列表。软件的各个构件类型，可在各个构件间切换。

（5）绘图区。绘图区是用户进行绘图的区域。

（6）状态栏。显示各种状态下的绘图信息。

3.　"单构件输入"界面

在广联达钢筋算量软件中，有些构件在导入图纸时不能识别又不能画上，这时就需要采用单构件参数化图集进行计算，如图 2-3 所示。

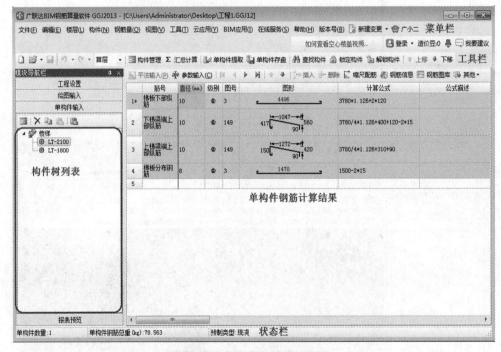

图 2-3　"单构件输入"界面

单构件钢筋计算结果：可以在其中直接输入钢筋数据，也可以通过梁平法输入、柱平法输入和参数法输入方式进行钢筋计算。

4.　报表预览界面

在工程图绘制完成后，单击"汇总计算"，计算完成后切换到"报表预览"界面，可以查看与工程相关的钢筋量，如图 2-4 所示。

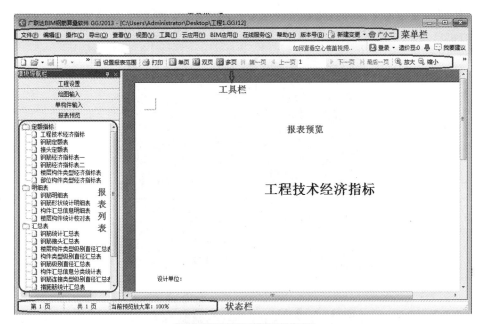

图2-4　"报表预览"界面

2.1.2 广联达算量软件常用命令及操作

1．删除

(1) 在绘图过程中，如果遇到以下问题，可以使用"删除"功能：
① 绘制的构件图元是错误的；
② 设计变更中说明取消的构件。
(2) 操作步骤如下。
① 在工具栏中找到并单击"删除"命令按钮，如图2-5所示。

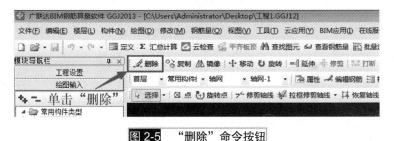

图2-5　"删除"命令按钮

　　② 用鼠标左键单击选择或拉框选择需要删除的图元，单击右键确认选择，如图 2-6、图 2-7 所示。

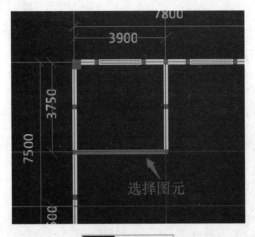

图 2-6　选择图元

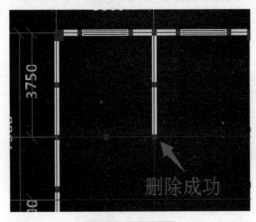

图 2-7　删除图元

💡 **注：** 删除某个构件后，该构件的附属构件也会被删除。例如，删除门窗后，门窗上的过梁也会被删除。

　　2. 复制

　　(1) 在绘图过程中，如果遇到以下问题，可以使用"复制"功能：某个位置的构件图元和已经绘制的构件图元名称和属性完全一致，为了减少重复绘制的时间可以使用该功能。

复制.mp4

(2) 操作步骤如下。

① 用鼠标左键单击选择或拉框选择需要复制的图元，单击鼠标右键，在弹出的快捷菜单中选择"复制"命令，如图2-8所示。

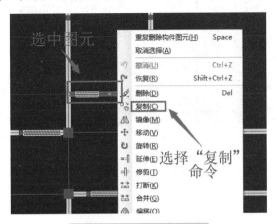

图2-8　选择"复制"命令

② 在绘图区域单击鼠标左键指定一点作为复制的基准点，移动鼠标，如图2-9所示。

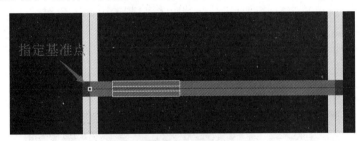

图2-9　指定基准点

③ 单击鼠标左键指定一点，确定要复制的目标位置，则所选构件图元将被复制到目标位置，如图2-10所示。

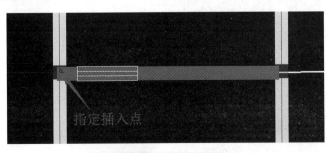

图2-10　指定插入点

④ 移动鼠标，可以继续复制选定构件图元到其他位置，或单击右键终止，如图 2-11 所示。

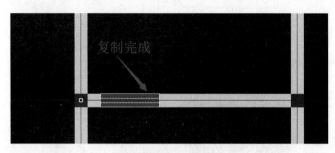

图 2-11 复制完成

注： 复制构件图元的同时，该构件的附属构件也会被复制。比如，复制墙体后，墙体上的门窗洞也会被复制。

3. 镜像

(1) 在绘图过程中，如果遇到以下问题，可以使用"镜像"功能：① 在当前楼层中，发现某个位置的所有图元和已经绘制的图元完全对称；② 绘制住宅楼时，左、右两个单元或户型完全一致。

(2) 操作步骤如下。

① 用鼠标左键单击选择或拉框选择需要复制的图元，单击鼠标右键，在弹出的快捷菜单中选择"镜像"命令，如图 2-12 所示。

镜像.mp4

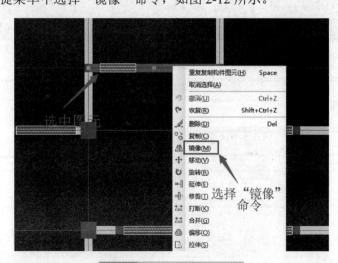

图 2-12 选择"镜像"命令

② 移动鼠标，单击鼠标左键指定镜像线的第一点和第二点，如图 2-13、图 2-14 所示。

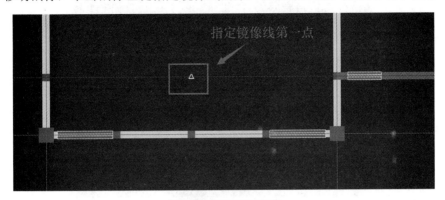

图 2-13 指定第一点

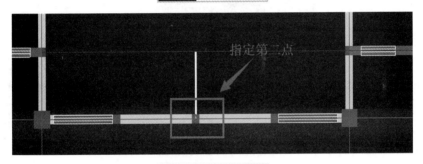

图 2-14 指定第二点

③ 当单击确定镜像线第二个点后，软件会弹出"是否要删除原来的图元"的确认提示框，根据工程实际需要单击"是"或"否"按钮，则所选构件图元将会按该基准线镜像到目标位置，如图 2-15、图 2-16 所示。

图 2-15 "是否要删除原来的图元"提示框

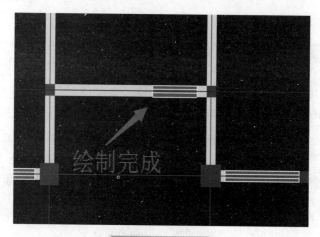

图 2-16 绘制完成

4. 移动

(1) 在绘图过程中，如果遇到以下问题，可以使用"移动"功能：当绘制完某个区域的构件后，发现构件图元的位置是错误的，需要移动到其他位置。

(2) 操作步骤如下。

① 用鼠标左键单击选择或拉框选择需要复制的图元，单击鼠标右键，在弹出的快捷菜单中选择"移动"命令，如图 2-17 所示。

移动.mp4

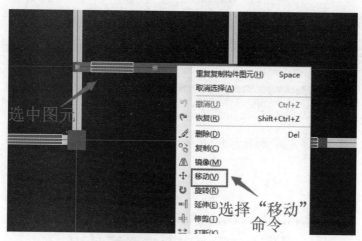

图 2-17 选择"移动"命令

② 单击鼠标左键指定移动的基准点，如图 2-18 所示。

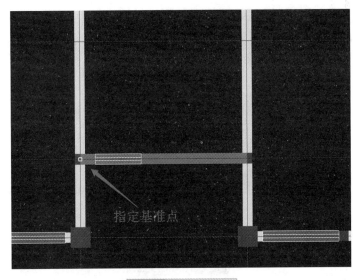

图 2-18　指定基准点

③ 单击鼠标左键指定一点，确定要移动的目标位置，则所选构件图元将被移动到目标位置，如图 2-19、图 2-20 所示。

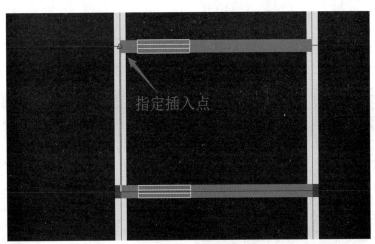

图 2-19　指定插入点

💡 **注：** 移动构件图元的同时，该构件的附属构件也会被移动。例如，移动墙体后，墙体上的门窗也会被移动。

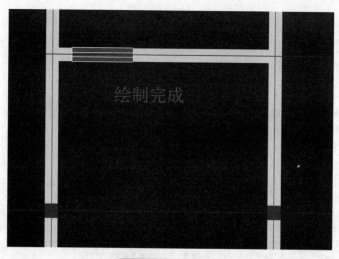

图 2-20　绘制完成

5. 旋转

(1) 在绘制过程中，如果遇到以下问题时，可以使用"旋转"功能：需要对选中的构件图元旋转一定的角度。

(2) 操作步骤如下。

① 用鼠标左键单击选择或拉框选择需要复制的图元，单击鼠标右键，在弹出的快捷菜单中选择"旋转"命令，如图 2-21 所示。

旋转.mp4

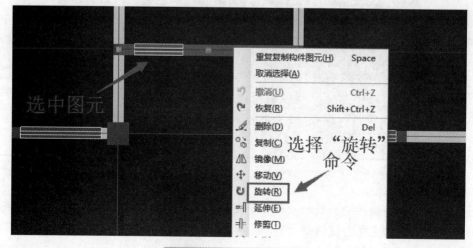

图 2-21　选择"旋转"命令

② 单击鼠标左键，指定旋转的基准点，移动鼠标，如图 2-22 所示。

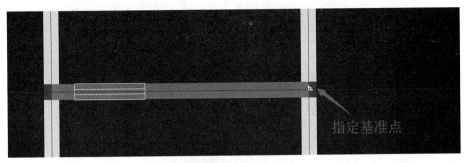

图 2-22　指定基准点

③ 单击鼠标左键指定一点以确定要旋转的角度，则所选构件图元将会按该角度旋转，在弹出的提示框中输入旋转角度，如图 2-23 所示。

图 2-23　输入旋转角度

④ 输入旋转角度后，软件会弹出"是否要删除原来的图元"的确认提示框，根据工程实际需要单击"是"或"否"按钮，如图 2-24、图 2-25 所示。

图 2-24　"是否要删除原来的图元"提示框

6．延伸

(1) 在绘图过程中，如果遇到以下问题，可以使用"延伸"功能：需要将选中的线性构件图元延伸到指定的边界线。

(2) 操作步骤如下。

① 在工具栏中找到并单击"延伸"命令按钮，如图 2-26 所示。

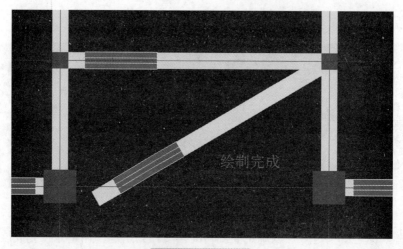

图 2-25　绘制完成

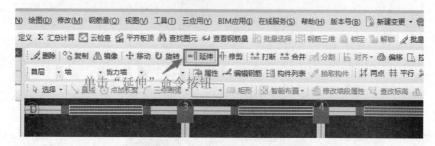

图 2-26　单击"延伸"命令按钮

② 单击鼠标左键，选择需要延伸至的边界线，如图 2-27 所示。

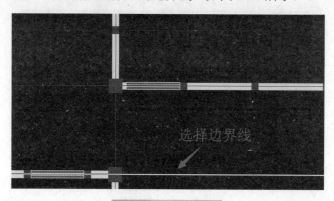

图 2-27　选择边界线

③ 单击鼠标左键，并单击选择需要延伸的构件图元，则所选构件图元被延伸至边界线，

如图 2-28 所示。

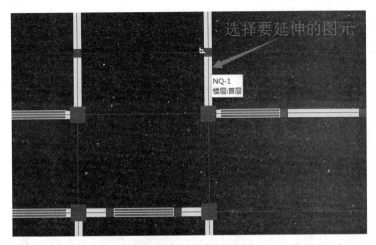

图 2-28　选择延伸图元

④ 绘制完成后，单击鼠标右键结束操作，如图 2-29 所示。

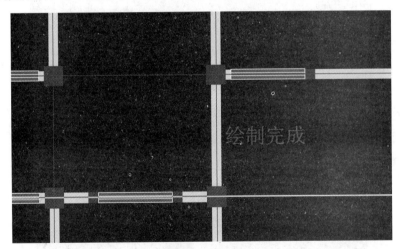

图 2-29　绘制完成

7. 修剪

(1) 在绘图过程中，如果遇到以下问题，可以使用"修剪"功能：① 需要将选中的构件图元修剪到指定的边界；② 删除线性构件图元的一部分。

(2) 操作步骤如下。

① 在工具栏中找到并单击"修剪"命令按钮，如图 2-30 所示。

图 2-30　单击"修剪"命令按钮

② 单击鼠标左键，选择需要修剪的边界线，如图 2-31 所示。

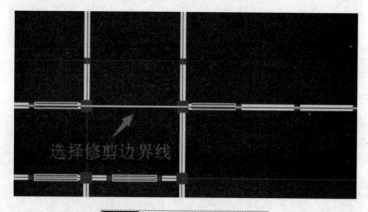

图 2-31　选择需要修剪的边界线

③ 单击鼠标左键，并单击选择需要修剪的构件图元，则所选构件图元的选中部分被剪掉，如图 2-32 所示。

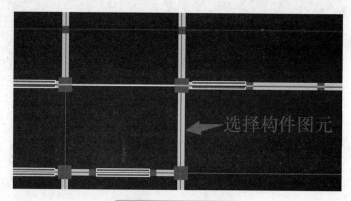

图 2-32　选择构件图元

④ 修剪完成后，单击鼠标右键结束操作，如图 2-33 所示。

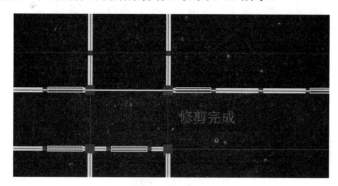

图 2-33 修剪完成

8. 合并

(1) 在绘图过程中，如果遇到以下问题，可以使用"合并"功能：① 把两个或多个面状构件图元合并为一个整体进行操作，如把多块板合并后进行定义斜板的操作；② 把两个或多个线性构件图元合并为一个整体进行操作，如把在同一轴线的两个墙图元合并后定位为斜墙。

(2) 操作步骤如下。

① 用鼠标左键单击选择或拉框选择需要复制的图元，单击鼠标右键，在弹出的快捷菜单中选择"合并"命令，如图 2-34 所示。

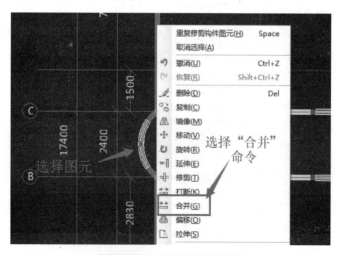

图 2-34 选择"合并"命令

② 软件弹出"确认"对话框，单击"是"按钮，如图 2-35 所示。

③ 软件弹出"提示"对话框，单击"确定"按钮完成操作，如图 2-36 所示。

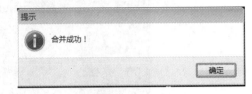

图 2-35 确认选择　　　　　　图 2-36 合并成功

2.2 常用术语那么多，快来看一看

广联达算量软件中有一些常用的术语，了解这些术语有助于更好地进行工程图的绘制。下面就一起来了解一下。

1. 主楼层

主楼层也就是实际工程中的楼层，即基础层、地下 X 层、首层、第二层、标准层、顶层、屋面层等，楼层的操作见"楼层设置"，如图 2-37 所示。

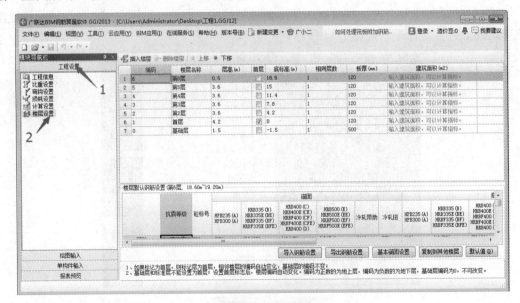

图 2-37 楼层设置

2. 构件

构件即在绘图过程中建立的剪力墙、梁、板、柱等，如图 2-38 所示。

图 2-38　构件列表

3. 构件图元

构件图元简称图元，是指绘制在绘图区域的图形，如图 2-39 所示。

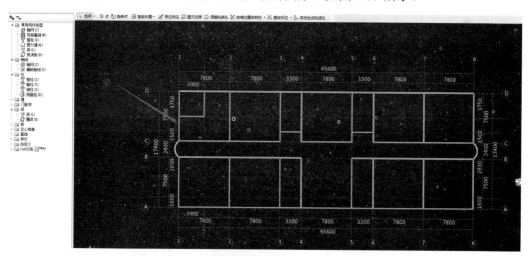

图 2-39　构件图元

4. 构件 ID

构件 ID 就如同每个人的身份证一样，构件 ID 是按绘图的顺序赋予图元的唯一可识别数字，在当前楼层、当前构件类型中唯一(如果需要隐藏或显示构件 ID，打开软件，在菜单栏中选择"工具"→"选项"→"其他"命令，从中找到"显示图元名称带 ID"，打上对钩或去掉对钩就可以完成以上操作了)，如图 2-40 所示。

图 2-40 构件 ID

5. 公有属性

公有属性也称为公共属性，是指构件属性中用蓝色字体表示的属性，归构件图元公有，梁的属性中，箍筋则为公有属性，只要是 KL-2，则箍筋就为Φ8@100/200(4)，如图 2-41 所示。

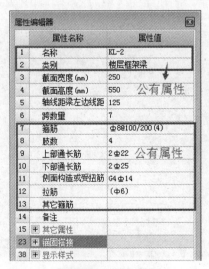

图 2-41 公有属性

6. 私有属性

私有属性是指构件属性中用黑色字体表示的属性。归构件图元私有。如图 2-42 所示的梁的属性中，"截面宽度"则为私有属性，也可以理解为 KL-2 的构件图元截面宽度可以为 250，也可以为 300，每个图元之间没有关系，截面宽度属性是其私自拥有的。

	属性编辑器	
	属性名称	属性值
1	名称	KL-2
2	类别	楼层框架梁
3	截面宽度(mm)	250
4	截面高度(mm)	550
5	轴线距梁左边线距	125
6	跨数量	7
7	箍筋	Φ8@100/200(4)
8	肢数	4
9	上部通长筋	2Φ22
10	下部通长筋	2Φ25
11	侧面构造或受扭筋	G4Φ14
12	拉筋	(Φ6)
13	其它箍筋	
14	备注	
15	⊞ 其它属性	
23	⊞ 锚固搭接	私有属性
38	⊞ 显示样式	

图 2-42　私有属性

7. 附属构件

当一个构件必须借助其他构件才能存在时，那么该构件被称为附属构件，如门窗洞等，如图 2-43 所示。

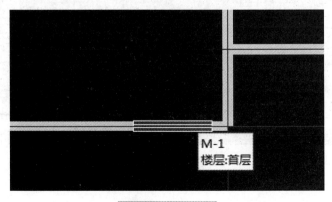

M-1
楼层:首层

图 2-43　附属构件

8. 点选

当鼠标处在选择状态时，在绘图区域单击某图元，则该图元被选择，此操作即为点选，如图 2-44 所示。

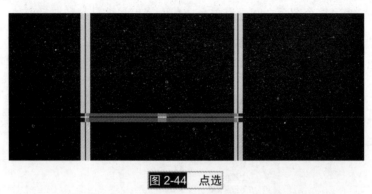

图 2-44　点选

9. 框选

当鼠标处在选择状态时，在绘图区域内拉框进行选择称为框选。

框选分为以下两种。

(1) 单击图中任一点，向右方拉一个方框选择，拖动框为实线，只有完全包含在框内的图元才被选中，如图 2-45、图 2-46 所示。

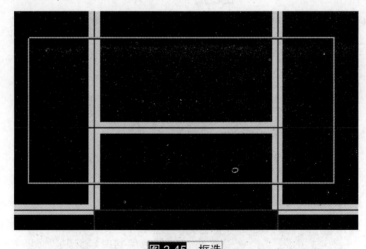

图 2-45　框选

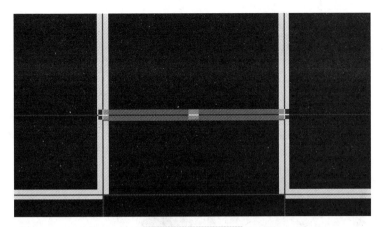

图 2-46　框选完成

(2) 单击图中任一点，向左方拉一个方框选择，拖动框为虚线，框内及与拖动框相交的图元均被选中，如图 2-47、图 2-48 所示。

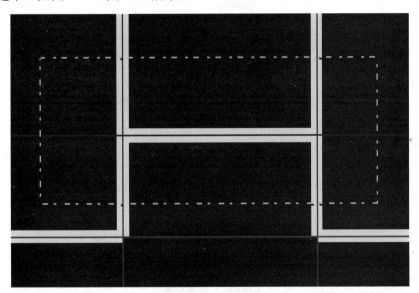

图 2-47　反向框选

10. 点状实体

点状实体在软件中为一个点，通过画点的方式绘制，如柱、独基、门、窗、墙洞等，如图 2-49 所示。

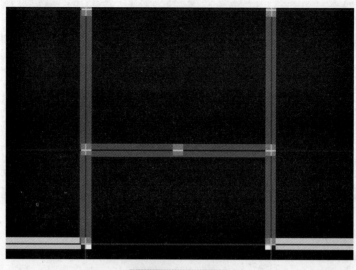

图 2-48　框选完成

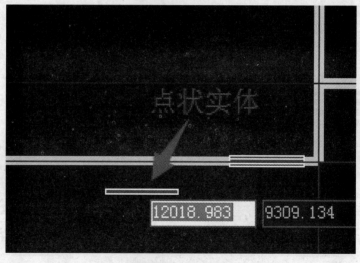

图 2-49　点状实体

11. 线状实体

线状实体在软件中为一条线，通过画线的方式绘制，如墙、梁、条形基础等，如图 2-50 所示。

图 2-50　线状实体

12. 面状实体

面状实体在软件中为一个面,通过画一封闭区域的方法绘制,如板、满基等,如图 2-51 所示。

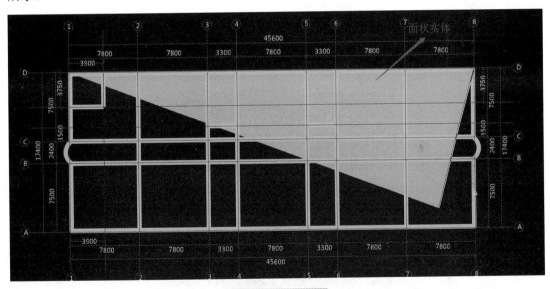

图 2-51　面状实体

13. 钢筋级别

钢筋信息中 A 表示一级钢、B 表示二级钢、C 表示三级钢、D 表示新三级钢、L 表示冷轧带肋、N 表示冷轧扭。

2.3　跟上节奏学操作

2.3.1　广联达算量软件的操作流程

由前面已经对广联达软件有了简单的了解，接下来就以广联达钢筋算量软件为主学习一下广联达算量软件的基本操作流程。

1. 分析图纸

在启动软件前，需要先仔细阅读并分析图纸，先看建筑设计说明和工程图做法明细，再看建筑图和结构图。看施工图时依次看总平面图、立面图、剖面图及详图。其次是结构图：先看基础图，再看楼层屋顶层结构布置图、结构详图，有需要的还要看相应图集，让图在头脑中有一个三维的印象。

2. 启动软件

在桌面上找到广联达 BIM 钢筋算量软件 GGJ2013 的图标，双击进入该软件，如图 2-52 所示。

图 2-52　打开软件

3. 新建工程

打开软件后，出现新建向导界面，单击"新建向导"图标按钮，进入工程设置界面，如图 2-53 所示。

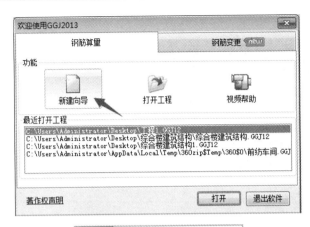

图 2-53 单击"新建向导"按钮

4. 工程设置

根据提示，输入工程名称，根据图纸信息选择计算规则、损耗模板、报表类别、汇总方式，设置完成后单击"下一步"按钮，进入工程信息设置界面，如图 2-54 所示。

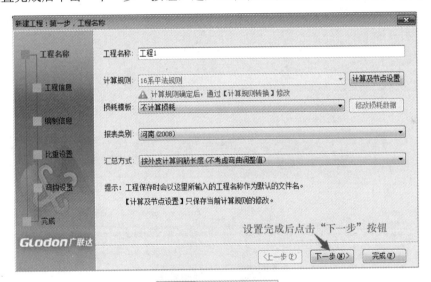

图 2-54 输入工程名称

依据图纸内容依次设置工程信息、编制信息、比重设置、弯钩设置，设置完成后单击"完成"按钮，完成新建工程设置，如图 2-55 所示。

注：单击"完成"按钮后，若发现工程信息有错误，可以在相应属性值内进行修改，如图 2-56 所示。

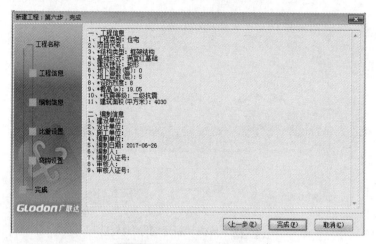

图 2-55　完成新建工程设置

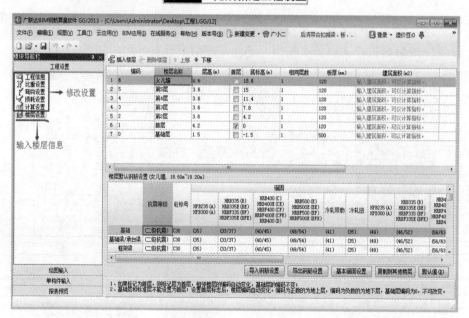

图 2-56　工程信息设置

5. 绘图输入

1) 建立轴网

楼层信息设置完成后，单击"绘图输入"项，进入绘图界面，然后双击"轴网"，新建轴网，右击"轴网"，在弹出的快捷菜单中选择快捷菜单中的"新建正交轴网"命令，出现"轴网 1"文件，如图 2-57 所示。

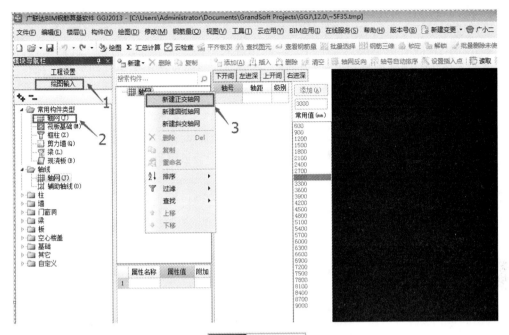

图 2-57　新建轴网

　　单击"添加"按钮，依照图纸依次输入下开间、左进深、上开间、右进深的数据，建立轴网，如图 2-58 所示。

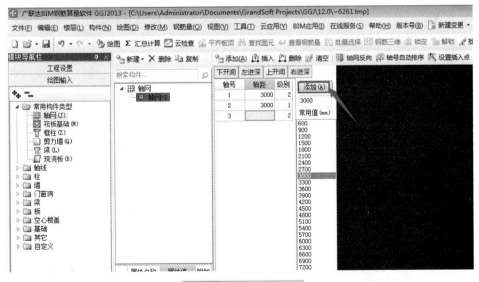

图 2-58　输入轴网参数

2) 建立构件

下面以框架柱为例，学习构件的建立。

首先在模块导航栏中找到"框柱"，双击进入构件定义界面，右击"框柱"项，弹出快捷菜单，要根据图纸信息选择框柱形状，这里选择快捷菜单中的"新建矩形框柱"命令，如图2-59所示。

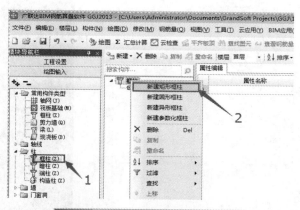

图2-59 选择"新建矩形框杆"命令

3) 设置属性

框柱建好后，根据图纸信息在右面"属性编辑"窗口输入信息，如图2-60所示。

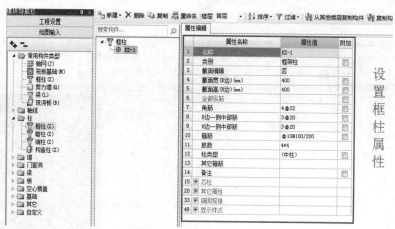

图2-60 "属性编辑"窗口

4) 绘制图元

属性编辑好后，单击"绘图"图标按钮(或双击需要绘制的图元)，进入绘图界面进行绘制，如图2-61所示。

图 2-61　切换"绘图"输入界面

6. 单构件输入

在模块导航栏单击"单构件输入"，切换到"单构件输入"界面，如图 2-62 所示。

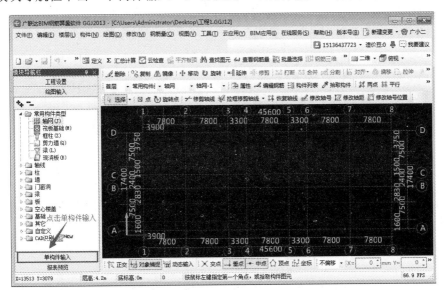

图 2-62　切换至"单构件输入"界面

单击"构件管理"图标按钮，弹出"单构件输入构件管理"界面，选择"楼梯"，单击"添加构件"按钮，完成后单击"确定"按钮，如图 2-63 所示。

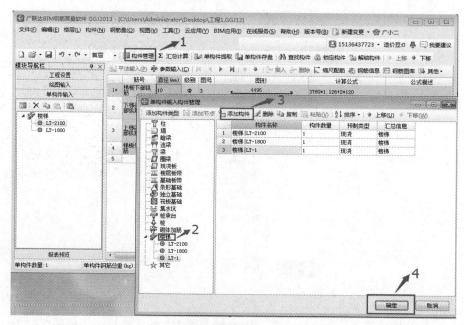

图 2-63　新建构件

选择 LT-1，单击"参数输入"按钮，进入"参数输入"界面，如图 2-64 所示。

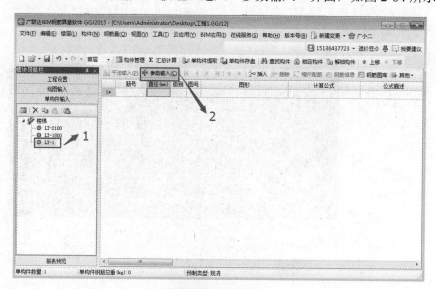

图 2-64　构件编辑

单击"选择图集"图标按钮，根据图纸选择"AT 型楼梯"，然后单击"选择"按钮，进入属性编辑界面，如图 2-65 所示。

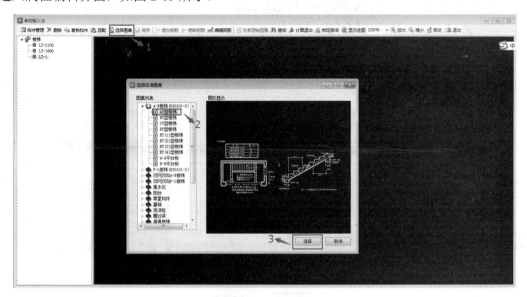

图 2-65　选择楼梯

根据图纸编辑属性，编辑完成后，单击"计算退出"图标按钮，得到钢筋量，如图 2-66 所示。

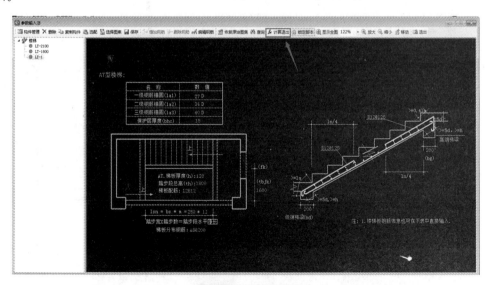

图 2-66　参数输入

7. 汇总计算

构建绘制完成后，单击"汇总计算"图标按钮，计算钢筋工程量，如图 2-67 所示。

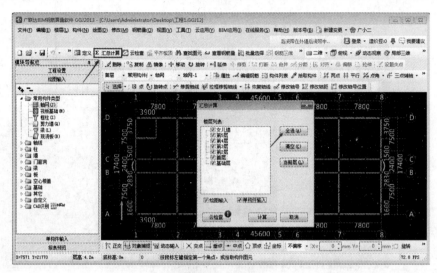

图 2-67　汇总计算

8. 报表预览

汇总计算结束后，单击"报表预览"查看钢筋工程量，如图 2-68 所示。

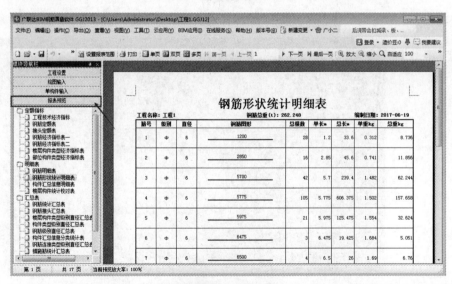

图 2-68　报表预览

2.3.2 ▌广联达算量软件中构件的绘制流程

在利用广联达算量软件绘制图纸的过程中，因为工程里构件较多，多画或者少画对工程量都有很大的影响，所以把构件大致分类，按照一定的顺序来画，这样才会比较清楚、完整。

在图纸中，主要分为建筑、结构、装修、其他、基础等方面，其中建筑包括墙、门、窗、过梁等，结构包括柱、梁、板、楼梯等。

装修主要包括房间，其他包括散水、平整场地、建筑面积、楼层复制、栏板、阳台、斜板、女儿墙、屋面等，基础包括条形基础、独立基础、桩承台、桩、满基、满基垫层、基槽土方、基坑土方和大开挖。

在绘图过程中，可以按照先主体、再装修、最后零星这一顺序来进行绘制，或者根据位置的不同按照首层、地上、地下、基础的顺序来画也是可以的。

不同结构绘制的顺序也有一定的差别。

例如：

框架结构一般按照柱、梁、板、基础、其他的顺序。

框剪结构一般按照墙、墙柱、墙梁、板、基础、其他的顺序。

砖混结构一般按照砌块墙、门窗洞、构造柱、圈梁、板、基础、其他的顺序。

剪力墙结构一般按照剪力墙、门窗洞、暗柱/端柱、暗梁/连梁、板的顺序。

总之，在绘制时一定要做到条理清晰。

软件算量的流程.mp3

第3章 大家一起看图纸

图纸构成.mp3

3.1　图纸目录会浏览

本章主要介绍本书中应用广联达钢筋和土建算量软件所需要的配套图纸。
本工程所用图纸目录如图 3-1 所示。

图纸目录.mp3

图 纸 目 录　LIST OF DESIGN DOCUMENT

序号	图　号	图　纸　名　称	图幅	数量 新出图 补充	实际出图 原底本	原来使用 图号底 原工程号	备注
1		附录表	A4	1			
2	结施-01	结构设计说明	A2	1			
3	结施-02	-1.000~18.550墙柱定位平面图	A2	1			
4	结施-03	4.150~14.950梁平法配筋图	A2	1			
5	结施-04	18.550梁平法配筋图	A2	1			
6	结施-05	4.150~14.950板平法配筋图	A2	1			
7	结施-06	18.450板平法配筋图	A2	1			
8	结施-07	楼梯详图	A2	1			
9	建施-01	建筑设计说明	A2	1			
10	建施-02	工程做法表	A2	1			
11	建施-03	一层平面图	A2	1			
12	建施-04	二层平面图	A2	1			
13	建施-05	三~四层平面图	A2	1			
14	建施-06	五层平面图	A2	1			
15	建施-07	屋顶平面图	A2	1			
16	建施-08	1~8立面图	A2	1			
17	建施-09	B~1立面图	A2	1			
18	建施-10	A~D立面图	A2	1			
19	建施-11	剖面图	A2	1			
20	建施-12	楼梯详图	A2	1			

图 **3-1**　图纸目录

3.2　设计说明仔细瞧

3.2.1　设计依据

国家现行有关设计规范、规程、规定如下。

(1)《建筑结构可靠度设计统一标准》(GB 50068—2001)。

(2)《建筑结构荷载规范》(GB 50009—2001)(2006 年版)。

(3)《建筑工程抗震设防分类标准》(GB 50223—2008)。

(4)《混凝土结构设计规范》(GB 50010—2002)。

(5)《建筑抗震设计规范》(GB 50011—2001)(2008 年版)。

(6)《高层建筑混凝土结构技术规程》(JGJ 3—2002)。

(7)《建筑地基基础设计规范》(GB 50007—2002)。

(8)《高层建筑箱形与筏形基础技术规范》(JGJ 6—99)。

(9)《地下工程防水技术规范》(GB 50108—2008)。

(10)《冷轧带肋钢筋混凝土结构技术规程》(JGJ 95—2003)。

(11)《混凝土外加剂应用技术规范》(GB 50119—2003)。

(12) 国家、地方现行其他有关设计规范、规程、规定。

图纸说明的构成.mp3

3.2.2　工程概况

(1) 本建筑物建设地点位于××××。

(2) 本建筑物用地概貌属于平缓场地。

(3) 本建筑物为二类多层办公建筑。

(4) 本建筑物合理使用年限为 50 年。

(5) 本建筑物抗震设防烈度为 8 度。

(6) 本建筑物结构类型为框架结构体系。

(7) 本建筑物总建筑面积为 $4030m^2$。

(8) 本建筑物建筑层数为 5 层,均在地上。

(9) 本建筑物檐口距地高度为 19.05m。

(10) 本建筑物设计标高±0.000 相当于绝对标高,暂定 100m。

3.2.3　节能设计

(1) 本建筑物的体形系数小于 0.3。

(2) 本建筑物框架部分外墙砌体结构为 200mm 厚加气混凝土砌块墙，外墙外侧均做 50mm 厚聚苯颗粒，外墙外保温做法，传热系数小于 0.6。

(3) 本建筑物外塑钢门窗均为单层框中空玻璃，传热系数为 3.0。

(4) 本建筑物屋面外侧均采用 80mm 厚现喷硬质发泡聚氨酯保温层，导热系数小于 0.014。

3.2.4 防水设计

(1) 本建筑物屋面工程防水等级为二级，平屋面采用 3mm 厚高聚物改性沥青防水卷材防水层，屋面雨水采用 ϕ100PVC 管排水方式。

(2) 楼地面防水。楼地面防水的房间，均做水溶性涂膜防水 3 道，共 2mm 厚，防水层四周卷起 150mm 高。房间在做完闭水试验后再进行下道工序施工。凡管道穿楼板处均预埋防水套管。

3.2.5 建筑防火设计

(1) 防火分区。本建筑物一层为一个防火分区。

(2) 安全疏散。本建筑物共设两部疏散楼梯，均为封闭楼梯，楼梯可到达所有使用层面，每部楼梯梯段净宽均大于 1.1m，满足安全疏散要求。

(3) 消防设施及措施。本建筑所有构件均达到二级耐火等级要求。

3.2.6 墙体设计

(1) 外墙。正负零以上均为 200mm 厚加气混凝土砌块墙及 50mm 厚聚苯颗粒保温复合墙体。

(2) 外墙。正负零以下均为 200mm 厚烧结普通砖墙体。

(3) 内墙。均为 200mm 厚加气混凝土砌块墙砖墙体。

(4) 屋顶女儿墙。采用 240mm 厚砖墙。

(5) 墙体砂浆。砌块墙体、砖墙均采用 M5 水泥砂浆砌筑。

(6) 墙体护角。在室内所有门窗洞口和墙体转角的凸阳角，用 1：2 水泥砂浆做 1.8m 高护角，两边各伸出 80mm。

3.2.7 防腐防锈处理

(1) 防腐、除锈。所有预埋铁件在预埋前均应做除锈处理；所有预埋木砖在预埋前均应先用沥青油做防腐处理。

(2) 所有门窗除特别注明外，门窗的立框位置居墙中线。

(3) 凡室内有地漏的房间，除特别注明外，其地面应自门口或墙边向地漏方向做 0.5% 的坡。

3.2.8 雨篷

本图雨篷属于玻璃钢雨篷，面层是玻璃钢，底层为钢管网架，属于成品，在厂家直接定做。

3.2.9 施工注意事项

(1) 在施工过程中应以施工图纸为依据，严格监理，精心施工。

(2) 在施工过程中，本套施工图纸的各专业图纸应配合使用，提前做好预留洞及预埋件，避免返工及浪费，不得擅自剃凿。

(3) 在施工过程中当遇到图纸中有不明白或不妥当之处时，应及时与有关设计人员联系，不得擅自做主施工。

(4) 本说明未尽事宜均须严格按照《建筑施工安装工程验收规范》及国家有关规定执行。

(5) 门窗表如表 3-1 所示。

表 3-1　门窗数量及门窗规格一览表

编号	名称	规格|洞口尺寸|		数量						备注
		宽	高	一层	二层	三层	四层	五层	总计	
M1	旋转玻璃门	1500	2100	10	10	12	12	12	56	甲方确定
M2	乙级木质防火门	1500	2400	2	2	2	2	2	10	甲方确定
M3	木质夹板门	900	2100	2	2	2	2	2	10	详见立面
M4	不锈钢玻璃门	3000	2700	1					1	详见立面
C1	塑钢窗	1800	1500	20	22	22	22	22	108	详见立面
C2	塑钢窗	1800	650	2	2	2	2	2	10	详见立面
C3	塑钢窗(弧形窗)	1800	1500	2	2	2	2	2	10	

3.3　做法明细要记牢

3.3.1 室外装修设计

1. 屋面

不上人屋面做法如下。

(1) 刷满土银粉保护剂。

(2) 防水层(SBS)，四周卷边 250mm。

(3) 20mm 厚 1∶3 水泥砂浆找平层。

(4) 平均 40mm 厚 1∶0.2∶3.5 水泥粉煤灰页岩陶粒找 2%坡。

(5) 保温层(采用 80mm 厚现喷硬质发泡聚氨)。

(6) 现浇混凝土屋面板。

室外装修设计组成.mp3

2. 外墙

1) 外墙 1——面砖外墙

(1) 10mm 厚面砖，在砖粘贴面上随粘随刷一遍混凝土界面处理剂，1∶1 水泥砂浆勾缝 YJ-302。

(2) 6mm 厚 1∶0.2∶2.5 水泥石灰膏砂浆(内掺建筑胶)。

(3) 刷素水泥浆一道(内掺水重 5%建筑胶)。

(4) 50mm 厚聚苯保温板保温层。

(5) 刷一道 YJ-302 型混凝土界面处理剂。

2) 外墙 2——干挂大理石墙面

(1) 干挂石材墙面。

(2) 竖向龙骨间整个墙面用聚合物砂浆粘贴 35mm 厚聚苯保温板，聚苯板与角钢竖龙骨交接处严贴，不得有缝隙，粘结面积 20%聚苯，离墙 10mm 形成 10mm 厚的空气层。聚苯保温板容重≥18kg/m^3。

(3) 墙面。

3) 外墙 3——涂料墙面

(1) 喷 HJ80-1 型无机建筑涂料。

(2) 6mm 厚 1∶2.5 水泥砂浆找平。

(3) 12mm 厚 1∶3 水泥砂浆打底扫毛或划出纹道。

(4) 刷素水泥浆一道(内掺水重 5%建筑胶)。

(5) 50mm 厚聚苯保温板保温层。

(6) 刷一道 YJ-302 型混凝土界面处理剂。

4) 外墙 4——玻璃幕墙

5) 外墙 5——水泥砂浆外墙

(1) 6mm 厚 1∶2.5 水泥砂浆罩面。

(2) 12mm 厚 1∶3 水泥砂浆打底扫毛或划出纹道。

3.3.2 室内装修设计

1. 地面

1) 地面 1——大理石地面(大理石尺寸 800×800)

(1) 铺 20mm 厚大理石板，稀水泥擦缝。

(2) 撒素水泥面(洒适量清水)。

(3) 30mm 厚 1∶3 干硬性水泥砂浆粘结层。

(4) 100mm 厚 C10 素混凝土。

(5) 150mm 厚 3∶7 灰土夯实。

(6) 素土夯实。

室内装修设计组成.mp3

2) 地面 2——防滑地砖地面

(1) 2.5mm 厚石塑防滑地砖，建筑胶粘剂粘铺，稀水泥浆碱擦缝。

(2) 素水泥浆一道(内掺建筑胶)。

(3) 30mm 厚 C15 细石混凝土随打随抹。

(4) 3mm 厚高聚物改性沥青涂膜防水层，四周往上卷 150 高。

(5) 平均 35mm 厚 C15 细石混凝土找坡层。

(6) 150mm 厚 3∶7 灰土夯实。

(7) 素土夯实，压实系数 0.95。

3) 地面 3——铺地砖地面

(1) 10mm 厚高级地砖，建筑胶粘剂粘铺，稀水泥浆碱擦缝。

(2) 20mm 厚 1∶2 干硬性水泥砂浆粘结层。

(3) 素水泥结合层一道。

(4) 50mm 厚 C10 混凝土。

(5) 150mm 厚 5-32 卵石灌 M2.5 混合砂浆，平板振捣器振捣实。

(6) 素土夯实，压实系数 0.95。

4) 地面 4——水泥地面

(1) 20mm 厚 1∶2.5 水泥砂浆抹面压实赶光。

(2) 素水泥浆一道(内掺建筑胶)。

(3) 50mm 厚 C10 混凝土。

(4) 150mm 厚 5-32 卵石灌 M2.5 混合砂浆，平板振捣器振捣密实。

(5) 素土夯实，压实系数 0.95。

2. 楼面

1) 楼面 1——地砖楼面

(1) 10mm 厚高级地砖，稀水泥浆擦缝。

(2) 6mm 厚建筑胶水泥砂浆粘结层。

(3) 素水泥浆一道(内掺建筑胶)。

(4) 20mm 厚 1∶3 水泥砂浆找平层。

(5) 素水泥浆一道(内掺建筑胶)。

(6) 钢筋混凝土楼板。

2) 楼面 2——防滑地砖防水楼面(砖采用 400×400)

(1) 10mm 厚防滑地砖，稀水泥浆擦缝。

(2) 撒素水泥面(洒适量清水)。

(3) 20mm 厚 1∶2 干硬性水泥砂浆粘结层。

(4) 1.5mm 厚聚氨酯涂膜防水层靠墙处卷边 150mm。

(5) 20mm 厚 1∶3 水泥砂浆找平层，四周及竖管根部位抹小八字角素水泥浆一道。

(6) 平均厚度为 35mm 的 C15 细石混凝土从门口向地漏找 1%坡。

(7) 现浇混凝土楼板。

3) 楼面 3——大理石楼面(大理石尺寸 800×800)

(1) 铺 20mm 厚大理石板，稀水泥擦缝。

(2) 撒素水泥面(洒适量清水)。

(3) 30mm 厚 1∶3 干硬性水泥砂浆粘结层。

(4) 40mm 厚 1∶1.6 水泥粗砂焦渣垫层。

(5) 钢筋混凝土楼板。

4) 楼面 4——水泥楼面

(1) 20mm 厚 1∶2.5 水泥砂浆压实赶光。

(2) 40mm 厚 CL7.5 轻集料混凝土。

(3) 钢筋混凝土楼板。

3. 踢脚

1) 踢脚 1——地砖踢脚(用 400×100 深色地砖，高度为 100mm)

(1) 10mm 厚防滑地砖踢脚，用稀水泥浆擦缝。

(2) 8mm 厚 1：2 水泥砂浆(内掺建筑胶)粘结层。

(3) 5mm 厚 1：3 水泥砂浆打底扫毛或划出纹道。

2) 踢脚 2——大理石踢脚(用 800×100 深色大理石，高度为 100mm)

(1) 15mm 厚大理石踢脚板，用稀水泥浆擦缝。

(2) 10mm 厚 1：2 水泥砂浆(内掺建筑胶)粘结层。

(3) 界面剂一道甩毛(甩前先将墙面用水湿润)。

3) 踢脚 3——水泥踢脚(高 100mm)

(1) 6mm 厚 1：2.5 水泥砂浆罩面压实赶光。

(2) 素水泥浆一道。

(3) 6mm 厚 1：3 水泥砂浆打底扫毛或划出纹道。

4. 内墙裙

采用普通大理石板墙裙做法如下。

(1) 用稀水泥浆擦缝。

(2) 贴 10mm 厚大理石板，正、背面及四周边满刷防污剂。

(3) 素水泥浆一道。

(4) 6mm 厚 1：0.5：2.5 水泥石灰膏砂浆罩面。

(5) 8mm 厚 1：3 水泥砂浆打底扫毛划出纹道。

(6) 素水泥浆一道甩毛(内掺建筑胶)。

5. 内墙面

1) 内墙面 1——水泥砂浆墙面

(1) 喷水性耐擦洗涂料。

(2) 5mm 厚 1：2.5 水泥砂浆找平。

(3) 9mm 厚 1：3 水泥砂浆打底扫毛。

(4) 素水泥浆一道甩毛(内掺建筑胶)。

2) 内墙面 2——瓷砖墙面(面层用 200×300 高级面砖)

(1) 白水泥擦缝。

(2) 5mm 厚釉面砖面层(粘前先将釉面砖浸水两小时以上)。

(3) 5mm 厚 1：2 建筑水泥砂浆粘结层。

(4) 素水泥浆一道。

(5) 9mm 厚的 1：3 水泥砂浆打底压实抹平。

(6) 素水泥浆一道甩毛。

6. 天棚

采用抹灰天棚，具体做法如下。

(1) 喷水性耐擦洗涂料。

(2) 3mm 厚的 1 : 2.5 水泥砂浆找平。

(3) 5mm 厚的 1 : 3 水泥砂浆打底扫毛或划出纹道。

(4) 素水泥浆一道甩毛(内掺建筑胶)。

7. 吊顶

1) 吊顶 1——铝合金条板吊顶，燃烧性能为 A 级

(1) 1.0mm 厚的铝合金条板，离缝安装带插缝板。

(2) U 型轻钢次龙骨 LB45×48，中距不大于 1500mm。

(3) U 型轻钢主龙骨 LB38×12，中距不大于 1500mm，与钢筋吊杆固定。

(4) A6 钢筋吊杆，中距横向不大于 1500、纵向不大于 1200。

(5) 在现浇混凝土板底预留 A10 钢筋吊环，双向中距不大于 1500mm。

2) 吊顶 2——岩棉吸音板吊顶，燃烧性能为 A 级

(1) 12mm 厚的岩棉吸声板面层，规格为 592×592。

(2) T 型轻钢次龙骨 TB24×28，中距 600mm。

(3) T 型轻钢次龙骨 TB24×38，中距 600mm。找平后与钢筋吊杆固定。

(4) A8 钢筋吊杆，双向中距不大于 1200mm、现浇混凝土板底预留 A10 钢筋吊环，双向中距不大于 1200mm。

8. 油漆工程做法

除已特别注明的部位外，其他需要油漆的部位参考如下做法。

1) 金属面油漆工程做法

(1) 刷耐酸漆两遍。

(2) 满刮腻子砂纸抹平。

(3) 刷防锈漆一遍。

(4) 金属面清理、除锈。

2) 木材面油漆工程做法：

选用 L96J002-P119-油 41。

(1) 调和漆两遍。

(2) 在局部刮腻子，用砂纸打磨光平。

(3) 刷底油一遍。

(4) 基层清理、除污、砂纸打磨。

9. 室内装修做法表

室内装修做法如表 3-2 所示。

表 3-2　室内装修做法表

房间名称		楼面/地面	踢脚/墙裙	窗台板	内墙面	顶棚	备注
一层	接待大厅	地面 1	墙裙 1 高 1200		内墙面 1	吊顶 1(高 3600)	一、关于吊顶高度的说明 这里的吊顶高度指的是某层的结构标高到吊顶底的高度。 二、关于窗台的说明: 窗台板材质为大理石 飘窗窗台板尺寸为: 洞口宽(长)×650(宽) 其他窗台板尺寸为: 洞口宽(长)×200(宽)
	楼梯间	地面 3	踢脚 2		内墙面 1	天棚 1	
	走廊	地面 1	踢脚 2		内墙面 1	吊顶 1(高 3200)	
	办公室，会议室，餐厅	地面 3	踢脚 1	有	内墙面 1	吊顶 1(高 3300)	
	厨房	地面 2		有	内墙面 2	吊顶 2(高 3300)	
	卫生间	地面 2		有	内墙面 2	吊顶 2(高 3300)	
二至三层	楼梯间	地面 3	踢脚 2		内墙面 1	天棚 1	
	活动大厅	楼面 3	踢脚 2		内墙面 1	吊顶 1(高 2900)	
	走廊	楼面 3	踢脚 2		内墙面 1	吊顶 1(高 2900)	
	办公室、会议室	楼面 1	踢脚 1	有	内墙面 1	天棚 1	
	教室	楼面 4	踢脚 3		内墙面 1	天棚 1	
	卫生间	楼面 2		有	内墙面 2	吊顶 2(高 2900)	
四至五层	楼梯间	地面 3	踢脚 2		内墙面 1	天棚 1	
	走廊	楼面 3	踢脚 2		内墙面 1	天棚 1	
	办公室	楼面 1	踢脚 1	有	内墙面 1	天棚 1	
	教室	楼面 4	踢脚 3		内墙面 1	天棚 1	
	卫生间	楼面 2		有	内墙面 2	天棚 1	

3.4　建筑施工图要会看

3.4.1 一层平面图

某办公楼工程一层平面图如图 3-2 所示。

施工平面图.mp3

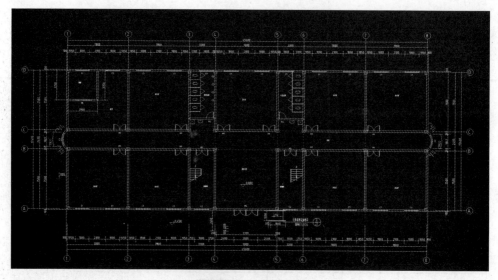

图 3-2　一层平面图

3.4.2 ║二层平面图

某办公楼工程二层平面图如图 3-3 所示。

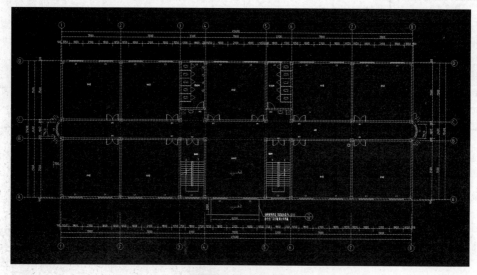

图 3-3　二层平面图

3.4.3 ▍三、四层平面图

某办公楼工程三、四层平面图如图3-4所示。

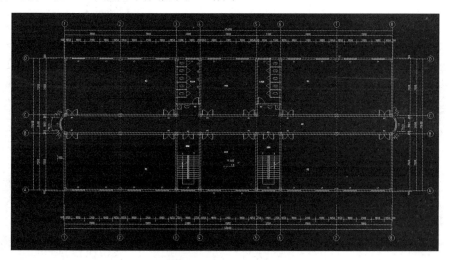

图3-4 三、四层平面图

3.4.4 ▍五层平面图

某办公楼工程五层平面图如图3-5所示。

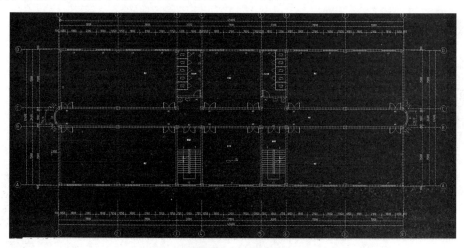

图3-5 五层平面图

3.4.5 屋顶平面图

某办公楼工程屋顶平面图如图 3-6 所示。

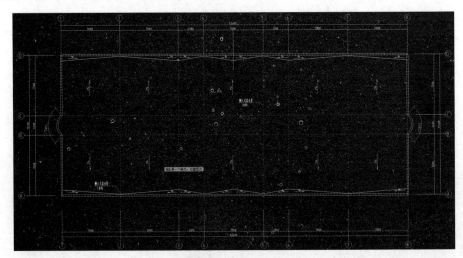

图 3-6　屋顶平面图

3.4.6 1~8 轴线立面图

某办公楼工程 1~8 轴线立面图如图 3-7 所示。

图 3-7　1~8 轴线立面图

立面图.mp4

3.4.7 ▌8~1 轴线立面图

某办公楼工程 8~1 轴线立面图如图 3-8 所示。

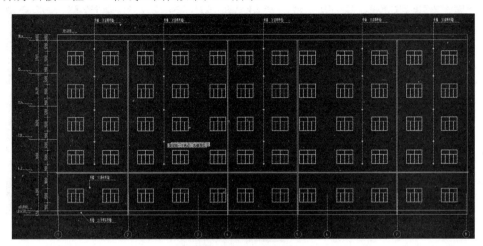

图 3-8 8~1 轴线立面图

3.4.8 ▌两侧立面图

某办公楼工程两侧立面图如图 3-9 所示。

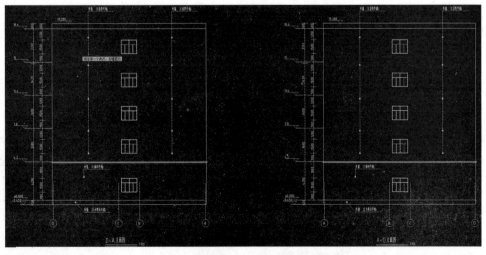

图 3-9 两侧立面图

3.4.9 剖面图

某办公楼工程剖面图如图 3-10 所示。

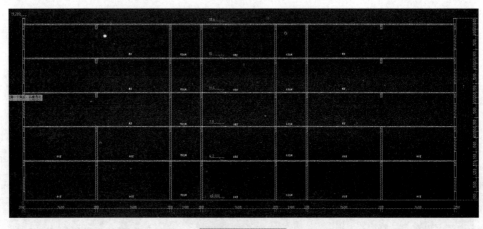

图 3-10　剖面图

3.5　结构施工图认真看

3.5.1 基础平面图

某办公楼工程基础平面图如图 3-11 所示。

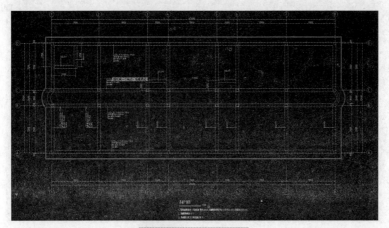

图 3-11　基础平面图

基础平面图.mp3

3.5.2 ▌-1.00~18.55m 柱平法平面图

某办公楼工程-1.00～18.55m 柱平法平面图如图 3-12 所示。

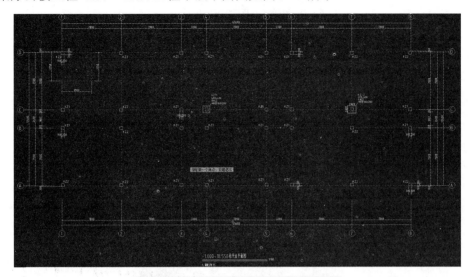

图 3-12 -1.00~18.55m 柱平法平面图

3.5.3 ▌4.15~14.95m 梁平法平面图

某办公楼工程 4.15～14.95m 梁平法平面图如图 3-13 所示。

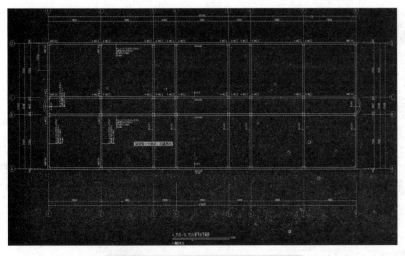

图 3-13 4.15～14.95m 梁平法平面图

梁平法施工图.mp3

3.5.4 ▏18.55m 梁平法平面图

某办公楼工程 18.55m 梁平法平面图如图 3-14 所示。

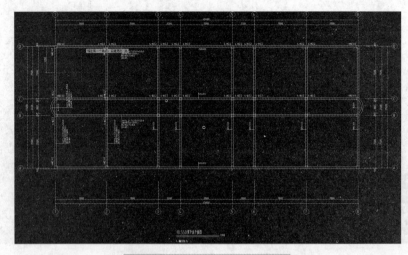

图 3-14　18.55m 梁平法平面图

3.5.5 ▏4.15～14.95m 板平法平面图

某办公楼工程 4.15～14.95m 板平法平面图如图 3-15 所示。

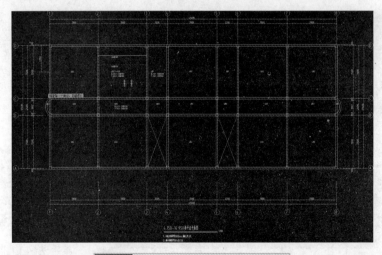

图 3-15　4.15～14.95m 板平法平面图

板平法平面施工图.mp3

3.5.6 ▎18.45m 板平法平面图

某办公楼工程 18.45m 板平法平面图如图 3-16 所示。

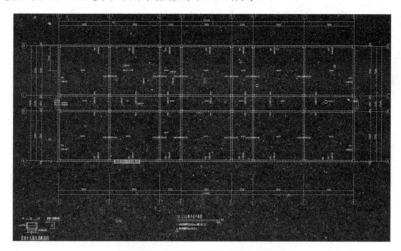

图 3-16 18.45m 板平法平面图

3.5.7 ▎楼梯节点图

某办公楼工程楼梯节点图如图 3-17、图 3-18 所示。

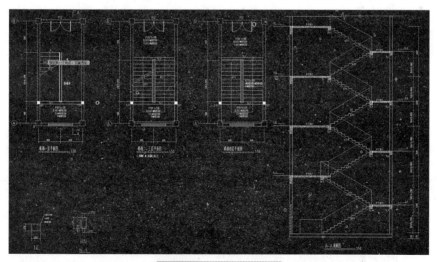

图 3-17 楼梯节点图(1)

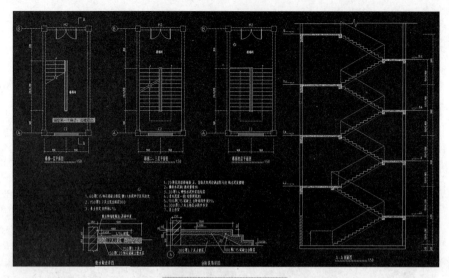

图 3-18　楼梯节点图(2)

第 4 章 抽钢筋有方法讲效率

4.1 有用信息先提取

4.1.1 图纸说明信息相关参数

(1) 依据图纸设计说明里面的抗震烈度和楼层信息来进行相关的钢筋信息设置。图 4-1 为工程概况信息。图 4-2 为工程信息设置。

(2) 广联达钢筋算量软件的工程设置。

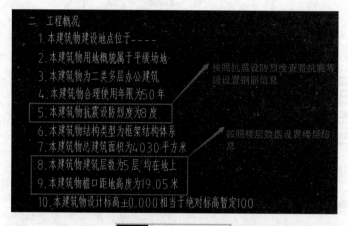

图 4-1 工程概况信息

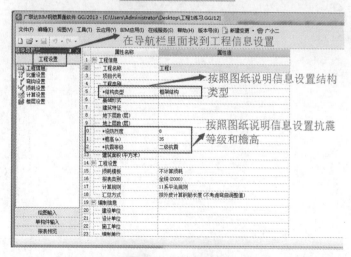

图 4-2 工程信息设置

① 比重设置。将 $\phi6$ 的按 $\phi6.5$ 设置，但图纸中标注的 $\phi6$ 一定要调整为 $\phi6.5$；否则会影响长度(比如锚固按*d 时，若为6，长度就计算少了)，如图4-3所示。

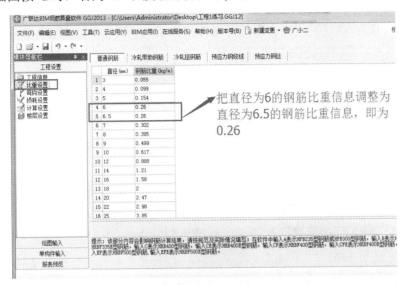

把直径为6的钢筋比重信息调整为直径为6.5的钢筋比重信息，即为0.26

图 4-3 钢筋比重设置

② 计算设置。在工程设置栏里面打开"计算设置"界面，然后按照图纸设计说明，分别对柱、梁、板等构件进行相应的计算设置，如图4-4所示。

在计算设置界面选择不同的构件并按照图纸设计说明进行计算设置

图 4-4 构件计算信息设置

4.1.2 ▎注意事项

工程信息设置：抗震等级根据图纸说明调整，新建工程时汇总方式一定要按外皮计算钢筋长度(不考虑弯曲调整值)进行设置。

4.2 具体信息来设置

4.2.1 ▎新建工程

新建五层办公楼工程操作步骤如下。

(1) 第一步。在计算机桌面找到广联达钢筋算量软件并打开，如图 4-5 所示。

图 4-5 打开广联达钢筋算量软件

软件的打开和保存.mp4

(2) 第二步。打开软件后，单击"新建向导"图标按钮，选择新建工程，并单击"打开"按钮，如图 4-6 所示。

图 4-6 新建工程

(3) 第三步。打开"新建工程"向导后可以按照软件提示逐步根据图纸信息来输入所需要的内容。

① 按照图纸说明的工程概况来编辑工程名称，如图 4-7 所示。

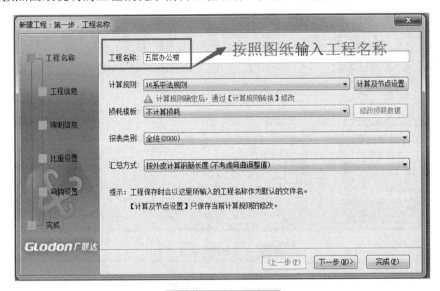

图 4-7 编辑工程名称

② 按照图纸说明的工程概况来编辑工程信息，如图 4-8 所示。

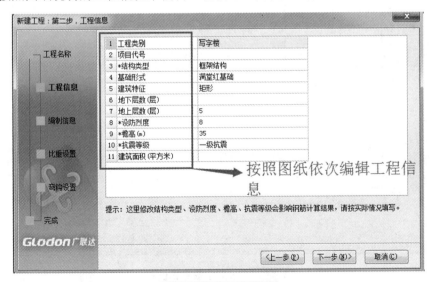

图 4-8 编辑工程信息

③ 按照图纸说明的工程概况来编辑比重信息，如图4-9所示。

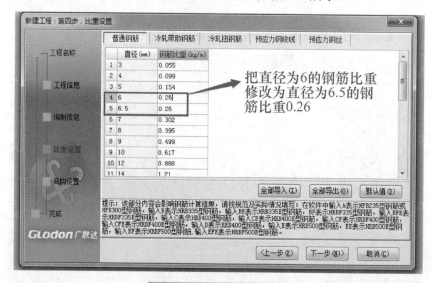

图4-9 编辑钢筋比重信息

④ 按照图纸说明的工程概况来编辑弯钩设置信息，如图4-10所示。

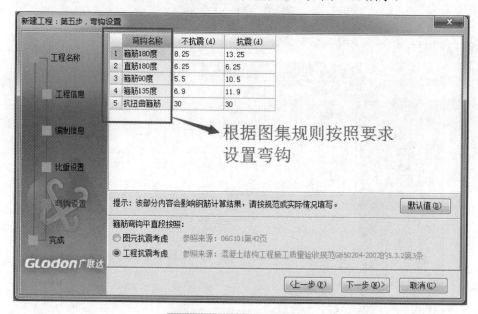

图4-10 设置钢筋弯钩信息

⑤ 完成新建工程设置，如图4-11所示。

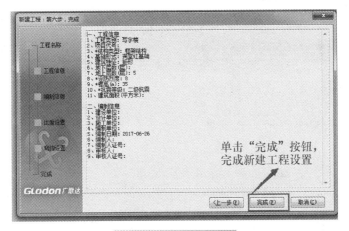

图 4-11　新建工程完成

4.2.2 ‖ 新建楼层

1. 楼层层高的确立

在工程图纸中一般有两种层高，即建筑层高和结构层高，在软件建立层高时，按建筑层高进行建立。

2. 楼层标高确定

当楼层构件的标高不相同时，楼层的层高按构件最高标高作为分界线来设置楼层层高。这样在绘制构件的时候，就不会出现超高的情况，只需利用"构件编辑属性"把相应的构件标高进行修改即可。

3. 基础层高的确定

(1) 当没有地下室时，基础层高指的从基础垫层的下皮到正负零的高度为基础层的层高。

(2) 当有地下室时，指从基础的垫层的下皮到地下室室内地坪分界线处的高度为基础层的高度。

4. 楼层编码

基础层楼层编码由"0"代替，地下室楼层编码由负数表示。地上层数由正数表示。标准层的格式有以下几种方式：1～5、1-5，1、2、3、4、5，1，2，3，4，5。当不连续时，需要用逗号或者顿号分隔，如1、3、5。

5. 新建楼层信息

步骤：在"模块导航栏"中打开"工程设置"，选中"楼层设置"选项，在编辑栏单击"插入楼层"图标按钮，安装图纸信息插入相应的楼层，编辑各个楼层信息，如图 4-12 所示。

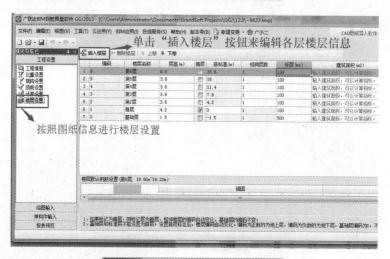

图 4-12　新建楼层和编辑楼层信息

4.2.3 新建轴网

(1) 轴网类型。在软件中轴网类型分为 3 种主轴网和辅助轴线。

① 正交轴网指 X 方向"水平"和 Y 方向"垂直"方向的轴线交角为 90°的轴网。

② 圆弧轴网指的是开间方向由角度表示,进深方向由弧线半径差值表示的一种轴网。角度有正负之分,正值逆时针旋转,负值顺时针旋转。

③ 斜交轴线指开间方向"水平"和 Y 方向"垂直"方向盘的轴线交角不为 90°,但轴线之间的夹角为 0°、180°、360°及其倍数。

(2) 类型选择说明。

① 下开间:指开间方向轴线数据,轴线的编号在图纸的下方。

② 上开间:指开间方向的轴线数据,轴线的编号在图纸的上方。

③ 左进深:指垂直方向的进深轴线之间的数据,轴线的编号在图纸的左方。

④ 右进深:指垂直方向的进深轴线之间的数据,轴线的编号在图纸的右方。

在工程蓝图中,只有一个整体的轴网,在利用软件的时候,需要根据实际情况,按轴网的分类建立,利用插入点或者偏移功能把轴网画入。

轴网中的轴号自动排序功能的应用:指在把轴距中只输入轴线之间的距离,对于轴号不同的软件编制,只要把上、下开间和左、右进深的两方数据输入后单击两次即可,即开间方向一次、进深方向一次。

绘制轴网.mp4

轴线的作用.mp3

(3) 按照图纸新建和绘制轴网。

① 新建和定义轴网信息。在"导航栏"选择"轴网"构件，单击"轴网"，打开轴网"新建"界面，选择"新建正交轴网"命令，完成轴网的新建，如图 4-13、图 4-14 所示。

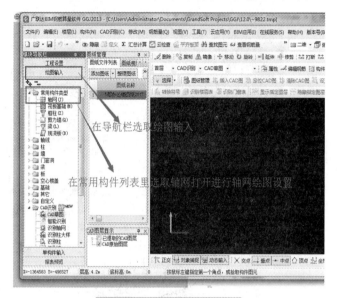

图 4-13　打开轴网新建设置

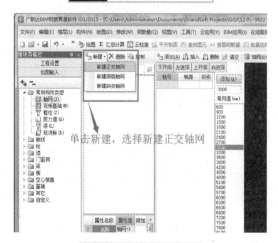

图 4-14　新建正交轴网

② 绘制正交轴网。按照图纸轴线信息在对应的"开间"和"进深"栏输入对应的数据，绘制并生成轴网，如图 4-15 所示。

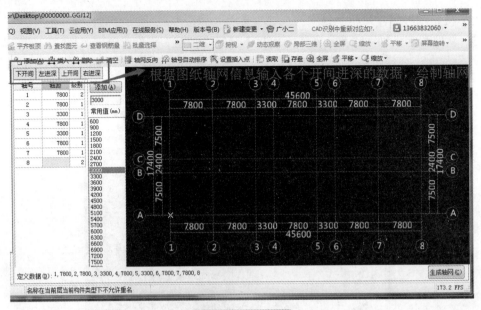

图 4-15　绘制轴网

4.3　我们来画第一层

在绘图输入之前，应当按图纸把相应的构件进行定义说明，在定义构件时，可以利用构件管理对话框对图纸上的构件进行编制。在编制时，按以下建议建立构件。

(1) 尽可能利用工程量图纸上给定的名称进行定义中，可以明确地查找到构件。

(2) 当图纸中没有构件的名称时，一般按使用的位置进行定义，如墙体可以根据内外墙进行定义和描述，WQ37 或者 NQ24 等。

(3) 在结构复杂时，构件的名称也可以根据标高和高度的简要名称备注编制，在绘图中，可以很明确地查找到构件，不需利用属性查看构件。

过梁.mp3

4.3.1 ▏柱子的新建及绘制

1. 对照柱平法平面施工图柱子截面信息来新建和定义柱子

在"导航栏"选择"框柱"构件，单击打开并新建"矩形柱"，打开框柱的"属性编辑"选项卡，按照"-1.00m 到 18.55m 柱平法平面图"来定义柱的属性信息，如图 4-16 所示。

框架柱.mp4 柱子.jpg

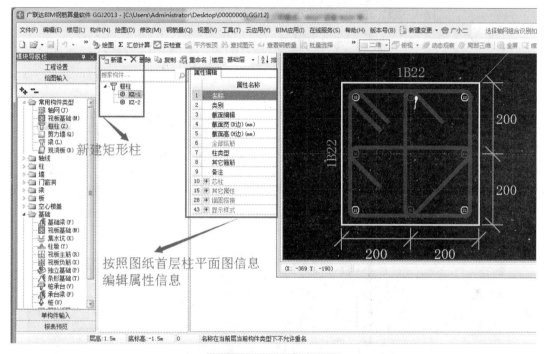

图 4-16 新建和定义柱子

2. 在绘图界面绘制柱子

在绘图界面单击"点"或者"智能布置"图标按钮，按照图纸来布置柱子，如图 4-17 所示。

3. 根据图纸具体情况对各种柱子的位置进行修整(如边柱的设置)

(1) 第一种偏心柱的绘制方式。在"构件属性编辑器"中进行属性修改来完成。

步骤：在绘图界面选中画好的偏心边柱或者角柱，单击右键，在弹出的快捷菜单中选择"构件属性编辑器"命令，打开"构件属性编

框架柱.mp4

辑器"，在"构件属性编辑器"栏里对照图纸进行属性信息修改。修改完成后，单击右键结束操作，如图4-18、图4-19所示。

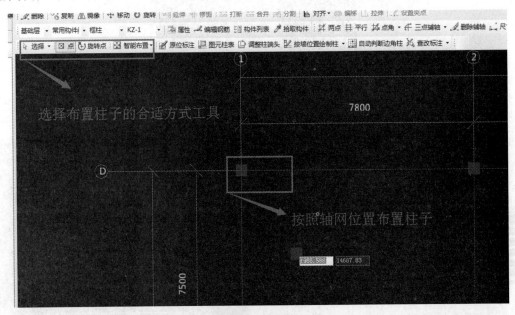

图 4-17　绘制柱子

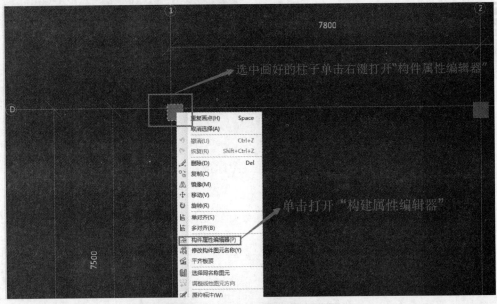

图 4-18　打开"构件属性编辑器"

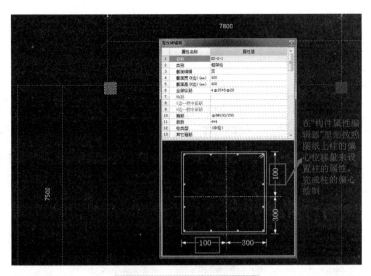

图 4-19　修改构件属性信息

（2）第二种偏心柱的绘制方式。这是利用"移动"命令来完成绘制。

步骤：在绘图界面选中画好的偏心边柱或者角柱，单击右键，在弹出的快捷菜单中选择"移动"命令，在绘图界面对应需要偏移的方向单击，确定方向。按住 Shift 键同时单击鼠标左键，在"动态输入栏"输入要移动的距离"100"，按 Enter 键完成偏心柱的移动操作，如图 4-20、图 4-21 所示。

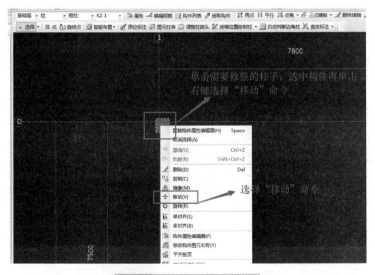

图 4-20　选择"移动"命令

柱子位置的
移动对齐.mp4

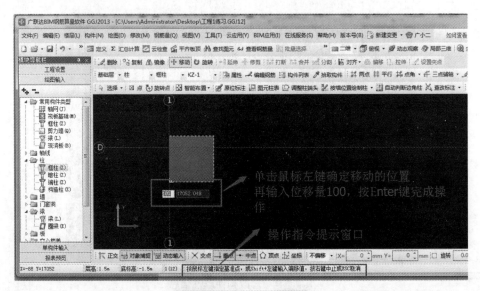

图 4-21　移动命令的操作

4.3.2 梁的新建及绘制

（1）按照图纸定义梁的构件名称。在"导航栏"选择"梁"构件，新建"矩形梁"，如图 4-22 所示。

梁绘制.mp4　　　　　　梁构件.mp3　　　　　　梁.jpg　　　　　　梁钢筋三维图.jpg

（2）按照图纸中梁的集中标注定义构件属性。需特别注意的是，图纸右下角是否有特殊说明，若图纸中单个梁标高有特殊标注，应在设置梁构件的其他属性中修改梁的起点标高和终点标高。画梁时，按先上后下、先左后右的方向来绘制，以保证所有梁全部计算。

按照图纸定义梁的属性，如图 4-23 所示。

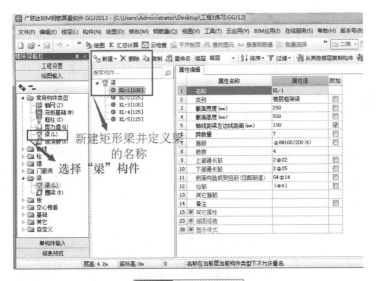

图 4-22　新建矩形梁

图 4-22　新建矩形梁

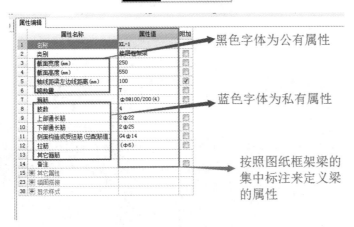

图 4-23　定义矩形梁信息

(3) 在绘图界面绘制梁。在绘图栏打开绘图界面，单击"直线"或者"智能布置"图标按钮，按照梁平法平面施工图来绘制梁，如图 4-24 所示。

(4) 按照图纸进行梁的原位标注。进行原位标注时可选择屏幕旋转，根据图纸方向绘制。

步骤：在绘制好的梁界面单击"原位标注"图标按钮，选中要编辑原位标注的梁，弹出原位标注输入栏，按照梁平法平面图来输入原位标注钢筋信息。单击右键完成操作，如图 4-25 所示。

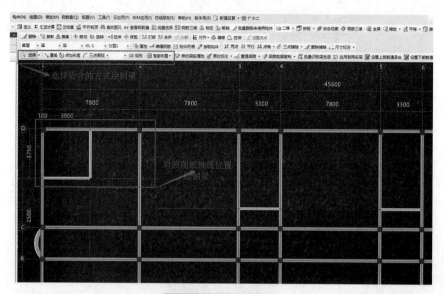

图 4-24　绘制矩形梁

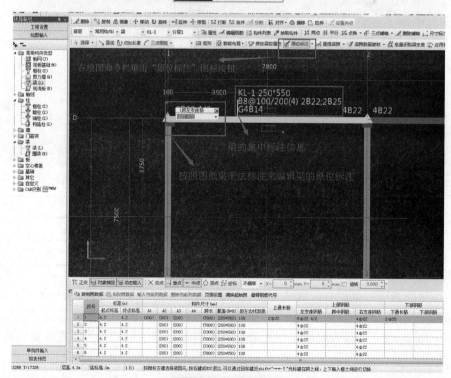

图 4-25　梁原位标注

(5) 原位标注中支座不符时可用重提梁跨或进行支座的编辑。

在绘制好的梁界面单击"重提梁跨"图标按钮，选中要重提梁跨的梁，选中后如果梁跨正确则单击右键结束操作，完成的梁会显示为绿色；如果梁跨错误就会弹出对话框显示梁跨不符，需要单击右键，选择快捷菜单中的"构件属性编辑器"命令，按照梁平法平面图来输入梁跨信息，点击右键完成操作，如图 4-26 所示。

重提梁跨.mp4

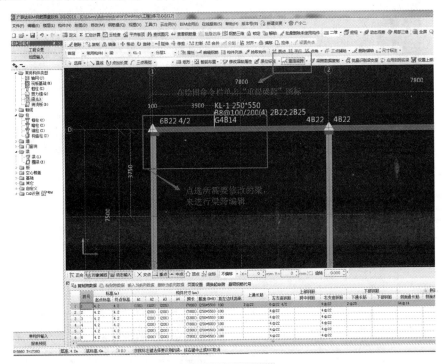

图 4-26　重提梁跨

(6) 按照图纸设置主次梁的吊筋。可使用"自动生成吊筋"图标按钮来完成，如图 4-27 所示。

(7) 设置悬挑梁的弯起钢筋。单击"计算设置"选项，选择"节点设置"→"框架梁"，选择第 27 项"悬挑端钢筋图号选择"选项，选择所需图号，如图 4-28 所示。

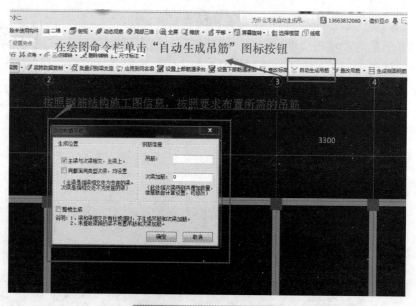

图 4-27　自动生成吊筋设置

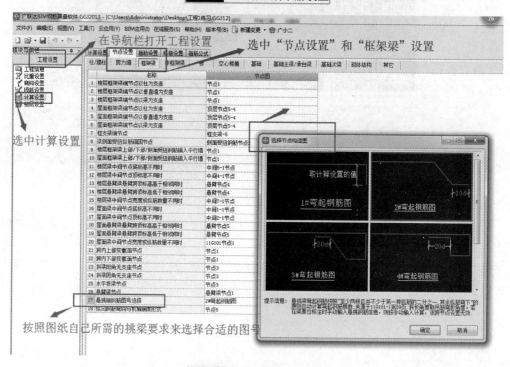

图 4-28　弯起钢筋的设置

4.3.3 板的新建及绘制

1. 按照图纸新建和定义板的属性

在"导航栏"选择"板"构件，选中"现浇板"构件，打开"新建"界面，选择"新建现浇板"。打开"属性编辑"，按照"板平法平面图"定义板属性，如图 4-29、图 4-30 所示。

2. 绘制板的图元

在新建和定义好板构件信息后，单击菜单栏中的"绘图"按钮，打开"绘图"界面，在绘图工具栏单击"直线"绘图，输入工具，按照图纸"板平法平面图"沿轴线进行板的绘制，如图 4-31 所示。

板的定义和绘制.mp4

板.mp3

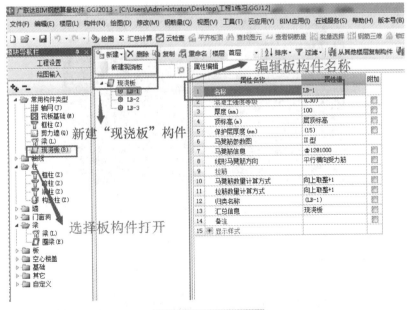

图 4-29　新建现浇板

按照图纸要求编制板"属性值"信息

图 4-30 定义板属性

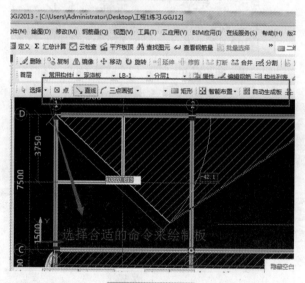

图 4-31 绘制板

3. 按照图纸定义板的受力筋

(1) 结构图中没有受力筋的名称，按受力筋的钢筋信息定义构件名称。

(2) 钢筋信息的输入：按图纸中钢筋信息输入。

(3) 在"模块导航栏"的"绘图输入"栏中选择"板"构件，再选择"板受力筋"，新

板受力筋的布置.mp4

建"板受力筋"。在"属性编辑"栏定义板受力的"钢筋信息"，如图 4-32 所示。

4. 按照图纸中受力筋位置定义和绘制板受力筋图元

单击菜单栏中的"绘图"，打开"绘图"界面→在绘图工具栏单击"单板"图标按钮和"XY 方向"图标按钮，弹出"智能布置"对话框，按照图纸选择设置好的属性钢筋，按照图纸"板平法平面图"在已经绘制完成的现浇板上绘制板受力钢筋，如图 4-33、图 4-34 所示。

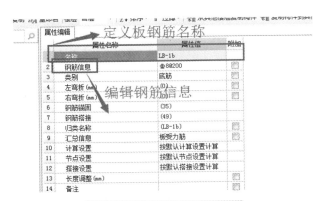

图 4-32　新建和定义板受力筋

图 4-33　单击"单板"图标按钮

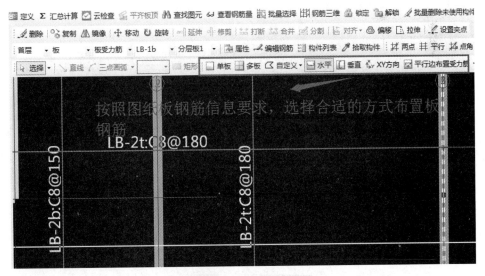

图 4-34　绘制板受力钢筋

4.3.4 墙的新建及绘制

砌体结构工程计算。在框架结构或框剪结构工程中，砌体结构构件的配筋信息通常在工程结构设计总说明中进行描述，主要包括墙体中的加筋和构造柱、圈梁等构件的钢筋，分析各构件钢筋的根数与长度的计算公式(注意：下层对应位置梁标高有改动时，当前层墙的底标高也应变动)。

1. 按照图纸新建和定义砌体墙构件并注意分清构件名称的设定

(1) 步骤。在"模块导航栏"的"绘图输入"栏中选择"墙"构件，接着选择"砌体墙"选项，新建"砌体墙"。在"属性编辑"栏设置砌体墙信息，如图4-35、图4-36所示。

墙的绘制.mp4

墙构件的绘制方法.mp3

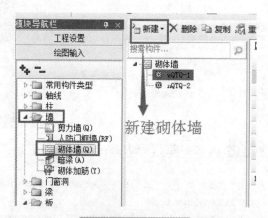

图 4-35 新建砌体墙

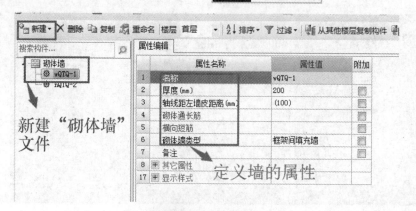

图 4-36 定义砌体墙

(2) 属性信息介绍。

① 名称。根据图纸输入构件的名称，该名称在当前楼层的当前构件类型下是唯一的。

② 厚度(mm)。墙体的厚度，单位为 mm。

③ 轴线距左墙皮距离(mm)。

④ 砌体墙上的通长加筋。输入格式：排数+级别+直径+@+间距，如 2A8@200。

⑤ 横向短筋。砌体墙上的垂直墙面的短筋，类似于剪力墙上的拉筋。输入格式：级别+直径+@+间距或根数+级别+直径，如 A8@200 或 4B20，如图 4-37 所示。

图 4-37 墙体加筋构造图

⑥ 砌体墙类别。软件提供 3 种类别，即填充墙、框架间填充墙、承重墙。

a. 填充墙。不为板的支座，可与剪力墙重叠绘制，可用于剪力墙上施工洞的绘制，且作为连梁智能布置的对象。

b. 框架间填充墙。不为板的支座，不能与剪力墙重叠绘制，且不作为连梁智能布置的对象。

c. 承重墙。可作为承重构件绘制，也可作为板的支座。

⑦ 备注。该属性值仅仅是个标识，对计算不会起任何作用。

(3) 其他属性信息介绍，如图 4-38 所示。

7	□ 其它属性	
8	汇总信息	砌体通长拉结筋
9	钢筋搭接	(0)
10	计算设置	按默认计算设置计算
11	搭接设置	按默认搭接设置计算
12	起点顶标高(m)	层顶标高
13	终点顶标高(m)	层顶标高
14	起点底标高(m)	层底标高
15	终点底标高(m)	层底标高

图 4-38 其他属性

① 汇总信息。报表预览时部分报表可以以该信息进行钢筋的分类汇总。

② 钢筋搭接。软件自动读取楼层管理中的搭接长度，如果当前构件需要做特殊处理，则可以根据实际情况进行输入。

③ 计算设置：对钢筋计算规则进行修改，当前构件会自动读取工程设置中的计算设置信息，如果当前构件的计算方法需要做特殊处理，则可以针对当前构件进行设置。具体操作方法可参阅"计算设置"。

④ 搭接设置。软件自动读取楼层设置中搭接设置的具体数值，当前构件如果有特殊要求，则可以根据具体情况修改。

⑤ 起点顶标高(m)。绘制起点处的顶标高，单位为米(m)。

⑥ 终点顶标高(m)。绘制终点处的顶标高，单位为米(m)。

⑦ 起点底标高(m)。绘制起点处的底标高，单位为米(m)。

⑧ 终点底标高(m)。绘制终点处的底标高，单位为米(m)。

2. 按照图纸中砌体墙位置绘制图元

单击菜单栏中的"绘图"，打开"绘图"界面，在绘图工具栏单击"直线"图标按钮，按照"首层平面图"轴线位置来绘制墙构件，如图 4-39 所示。

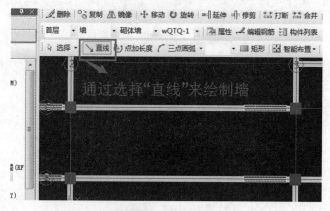

图 4-39 绘制墙构件

4.3.5 门窗的新建及绘制

参照门窗表定义门、窗属性，门、窗各为单独一项的构件属性。

(1) 新建和定义门构件属性。注意每绘制完一个用铅笔画上标记，以避免漏掉。

在"模块导航栏"的"绘图输入"栏中选择"门窗洞"构件，再选择"门"，选择"新建矩形门"。在"属性编辑"栏定义门的属性，如图 4-40 所示。

窗.mp3

门.jpg

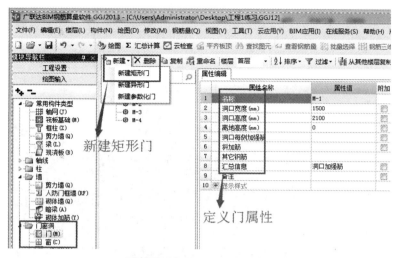

图 4-40　新建和定义门属性

(2) 门属性信息介绍。

① 名称。根据图纸输入构件的名称，该名称在当前楼层的当前构件类型下是唯一的。

② 洞口宽度(mm)。门的实际宽度，如果是异形门或者参数化门，则显示为外接矩形的宽度。

③ 洞口高度(mm)。门的实际高度，如果是异形门或者参数化门，则显示为外接矩形的高度。

④ 离地高度(mm)。门底部距离当前层楼地面的高度，单位为 mm。

⑤ 洞口每侧加强筋。用于计算门周围的加强钢筋，如果顶部和两侧配筋不同时，则用"/"隔开，如 6B12/4B12。

⑥ 斜加筋。输入格式：数量+级别+直径，如 4B16。

⑦ 其他钢筋。除了当前构件中已经输入的钢筋以外，还有需要计算的钢筋，则可以通过其他钢筋来输入。

⑧ 汇总信息。默认为洞口加强筋。报表预览时部分报表可以以该信息进行钢筋的分类汇总。

⑨ 备注。该属性值仅仅是个标识，对计算不会起任何作用。

(3) 按照图纸中门、窗洞口位置布置门图元。

单击菜单栏中的"绘图"菜单，打开"绘图"界面→在绘图工具栏单击"点"图标按钮，在绘制好的墙上按照"首层平面图"来布置相应的门构件，如图 4-41 所示。

门的绘制.mp4

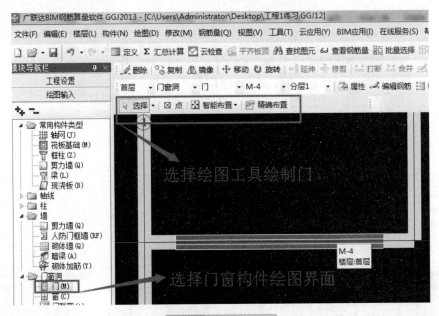

图 4-41 绘制门构件

(4) 新建和定义窗属性构件。

在"模块导航栏"的"绘图输入"栏中选择"门窗洞"→"窗"构件，新建"窗"构件。在"属性编辑"栏中定义窗的属性，如图 4-42 所示。

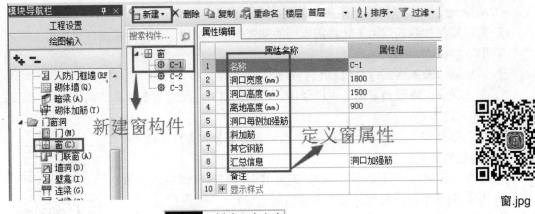

窗.jpg

图 4-42 新建和定义窗

(5) 按照图纸门窗表要求绘制窗。

单击菜单栏中的"绘图"菜单，打开"绘图"界面，在绘图工具栏单击"点"图标按钮，在绘制好的墙上按照"首层平面图"来布置相应的窗构件，如图 4-43 所示。

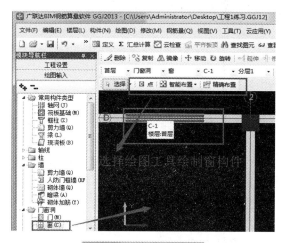

图 4-43 窗构件的绘制

4.3.6 构造柱的新建及绘制

1. 在柱构件列表新建和定义构造柱

(1) 在"模块导航栏"的"绘图输入"栏中选择"柱"→"构造柱"构件→新建"构造柱"构件。在"属性编辑"栏中定义构造柱的属性，如图 4-44 所示。

图 4-44 新建和定义构造柱

构造柱.jpg

构造柱的定义和绘制.mp4

(2) 构造柱属性信息介绍。

① 名称。根据图纸输入构件的名称，该名称在当前楼层的当前构件类型下是唯一的。

② 类别。类别会根据构件名称中的字母自动生成。例如，GZ 生成的是构造柱，也可以根据实际情况进行选择。

③ 截面编辑。设置是否显示"柱截面编辑"截面，选择为"是"时显示，选择为"否"

时不显示。

④ 截面宽(B 边)(mm)。柱子 B 边的长度，单位为 mm。当柱为异形柱或参数化柱时，取柱外接矩形的长度。

⑤ 截面高(H 边)(mm)。柱子 H 边的长度，单位为 mm。当柱为异形柱或参数化柱时，取柱外接矩形的长度。

⑥ 全部纵筋。只有当角筋、B 边一侧中部筋、H 边一侧中部筋属性值全部为空时才允许输入，如 24B25。

⑦ 角筋。只有当全部纵筋属性值为空时才可输入，如 4B22。

⑧ B 边一侧中部筋。只有当柱全部纵筋属性值为空时才可输入，如 5B22。

⑨ H 边一侧中部筋。只有当柱全部纵筋属性值为空时才可输入，如 4B20。

⑩ 箍筋。根据图纸信息来设置箍筋。

⑪ 肢数。根据图纸信息来设置箍筋肢数。

⑫ 其他箍筋。除了当前构件中已经输入的箍筋以外，还有需要计算的箍筋，则可以通过其他箍筋来输入。

⑬ 备注。该属性值仅仅是个标识，对计算不会起任何作用。

(3) 构造柱其他属性介绍，如图 4-45 所示。

13	⊟ 其它属性	
14	汇总信息	构造柱
15	保护层厚度(mm)	(15)
16	上加密范围(mm)	
17	下加密范围(mm)	
18	插筋构造	设置插筋
19	插筋信息	
20	计算设置	按默认计算设置计算
21	节点设置	按默认节点设置计算
22	搭接设置	按默认搭接设置计算
23	顶标高(m)	层顶标高
24	底标高(m)	层底标高
25	⊟ 锚固搭接	
26	抗震等级	(一级抗震)
27	混凝土强度等级	(C25)
28	一级钢筋锚固	(31)
29	二级钢筋锚固	(38/42)
30	三级钢筋锚固	(46/51)
31	冷轧扭钢筋锚固	(40)
32	冷轧带肋钢筋锚固	(41)
33	一级钢筋搭接	(44)
34	二级钢筋搭接	(54/59)
35	三级钢筋搭接	(65/72)
36	冷轧扭钢筋搭接	(56)
37	冷轧带肋钢筋搭接	(58)

图 4-45 其他属性信息

① 汇总信息。默认为构件的类别名称。报表预览时部分报表可以以该信息进行钢筋的分类汇总。

　　② 保护层厚度(mm)。软件自动读取楼层管理中的保护层厚度，如果当前构件需要特殊处理，则可以根据实际情况进行输入。

　　③ 上加密范围(mm)。默认为空，表示按规范计算 Max(500，柱净高 Hn/6，柱长边尺寸 Hc)，也可以输入具体数值或者 Hn/数值或者 Hc 或者 D。

　　④ 下加密范围(mm)。默认为空，表示按规范计算。

　　⑤ 插筋信息。默认为空，表示插筋的根数和直径同柱纵筋。也可自行输入，输入格式：数量＋级别＋直径，不同直径用"＋"号连接。例如，12B25+5B22 表示插筋为 12 根直径为 25mm 和 5 根直径为 22mm，均为二级钢筋。只有当插筋构造选择为"设置插筋"时该属性值才起作用。

　　⑥ 插筋构造。指柱层间变截面或钢筋发生变化时的柱纵筋设计构造或者柱生根时的纵筋构造，当选择为设置插筋时，软件根据相应设置自动计算插筋；当选择为纵筋锚固时，则上层柱纵筋伸入下层，不再单独设置插筋。

　　⑦ 节点设置。对于钢筋的节点构造进行修改，具体操作方法可参阅"节点设置"。当前构件的节点会自动读取节点设置中的节点，如果当前构件需要做特殊处理时，可以单独进行调整。

　　⑧ 计算设置。对钢筋计算规则进行修改，当前构件会自动读取工程设置中的计算设置信息时，如果当前构件的计算方法需要做特殊处理，则可以针对当前构件进行设置。具体操作方法可参阅"计算设置"。

　　⑨ 搭接设置。软件自动读取楼层设置中搭接设置的具体数值，当前构件如果有特殊要求，则可以根据具体情况修改。

　　⑩ 底标高(m)。柱底标高默认为当前楼层的层底标高，可根据实际情况修改。

　　⑪ 顶标高(m)。柱顶标高默认为当前楼层的层顶标高，可根据实际情况修改。

　　⑫ 锚固搭接。软件会自动读取楼层管理中的数据，当前构件需要做特殊处理时，可以单独进行调整。

　　不同截面类型的构造柱如图 4-46 至图 4-48 所示。

	属性名称	属性值
1	名称	GZ-2
2	类别	构造柱
3	截面编辑	否
4	半径(mm)	240
5	全部纵筋	4B12
6	箍筋	A8@150
7	箍筋类型	螺旋箍筋
8	其它箍筋	
9	备注	

图 4-46　GZ-2 矩形构造柱

	属性名称	属性值
1	名称	GZ-3
2	类别	构造柱
3	截面编辑	是
4	截面形状	异形
5	截面宽(B边)(mm)	700
6	截面高(H边)(mm)	900
7	全部纵筋	4B12
8	其它箍筋	
9	备注	

图 4-47　GZ-3 异形构造柱

	属性名称	属性值
1	名称	GZ-4
2	类别	构造柱
3	截面编辑	否
4	截面形状	L-a 形
5	截面宽(B边)(mm)	400
6	截面高(H边)(mm)	400
7	全部纵筋	4B12
8	箍筋1	A8@150
9	箍筋2	A8@150
10	拉筋1	2A8@150
11	拉筋2	2A8@150
12	其它箍筋	
13	备注	

图 4-48　GZ-4 L-a 形构造柱

2. 构造柱的绘制和生成

在绘图界面单击"自动生成构造柱"图标按钮，弹出"自动生成构造柱"对话框，按照图纸输入构造柱位置信息，设置完成后单击"确定"按钮，自动生成构造柱，如图 4-49、图 4-50 所示。

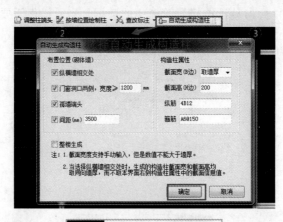

图 4-49　自动生成构造柱属性

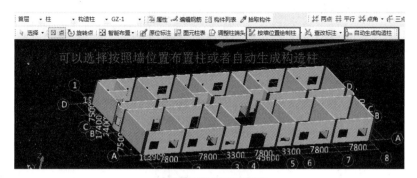

图 4-50 绘制构造柱

4.3.7 圈梁和过梁的新建及绘制

1. 圈梁

1) 使用背景

(1) 在建筑抗震设计规范中规定，砌体墙墙高超过 4m 时，墙体半高宜设置与柱连接且沿墙全长贯通的钢筋混凝土水平系梁。

(2) 在实际工程中，结构设计说明会给出圈梁设置要求，如图 4-51 所示。

圈梁的定义和绘制.mp4

d. 墙高大于 4 米时，需在墙半高处或门窗顶加设钢筋混凝土圈梁一道，梁宽同墙厚，梁高取 1/20 墙长且不小于 180，纵筋上下各 2Φ12，箍筋 Φ6@200。兼做过梁时配筋另详相应施工图。

图 4-51 圈梁设计说明

(3) 在砌体结构设计规范中规定，填充墙墙高超过 4m 时，每隔 2000mm 设置一道圈梁。

(4) 在砖混结构中，一般只要在板底无其他梁处都要设圈梁。

2) 功能价值

能够根据规范及图纸设计要求，快速布置圈梁。

3) 功能操作

(1) 在圈梁图层，单击工具栏上的"自动生成圈梁"图标按钮，或者单击"绘图"菜单下的"自动生成圈梁"；

(2) 在"自动生成圈梁"命令对话框中选择布置条件，在"圈梁属性"框下单击"添加行"按钮，并在属性表格中输入相应的截面和钢筋信息，单击"确定"按钮。

4) 圈梁的新建和定义

在"模块导航栏"的"绘图输入"栏中选择"梁"→"圈梁"构件，新建"矩形圈梁"

构件。在"属性编辑"栏定义圈梁的属性，如图 4-52 所示。

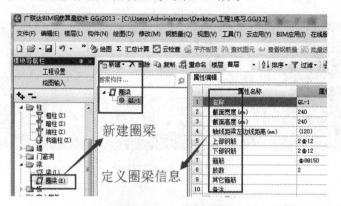

图 4-52　新建和定义圈梁

5）在绘图界面绘制圈梁

在绘图界面单击"自动生成圈梁"图标按钮，弹出"自动生成圈梁"对话框，按照图纸输入圈梁布置信息。设置完成后单击"确定"按钮，自动生成圈梁，如图 4-53、图 4-54 所示。

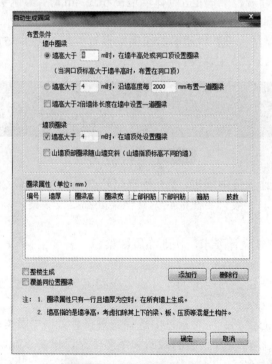

图 4-53　自动生成圈梁信息

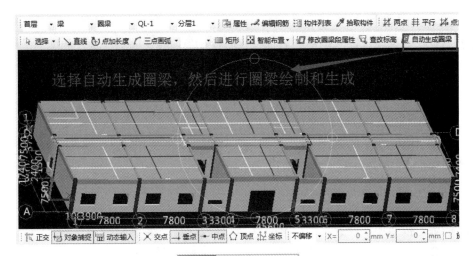

图 4-54　绘制好的圈梁

2. 过梁

1) 新建和定义过梁

在"模块导航栏"的"绘图输入"栏中选择"门窗洞"→"过梁"构件，新建"矩形过梁"构件。在"属性编辑"栏定义过梁的属性信息，如图 4-55 所示。

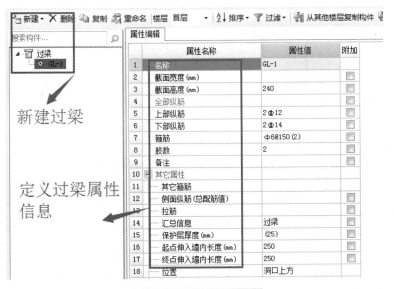

新建过梁

定义过梁属性信息

图 4-55　新建和定义过梁

过梁的定义和绘制.mp4

2) 过梁信息介绍

(1) 名称。根据图纸输入构件的名称，该名称在当前楼层的当前构件类型下是唯一的。

(2) 截面高度(mm)。输入梁截面高度的尺寸，如240。

(3) 截面宽度(mm)。过梁的宽度。数值默认为空，宽度为其所在的墙图元宽度。

(4) 全部纵筋。指上部钢筋和下部钢筋之和，依照图纸输入，输入格式为：数量+级别+直径，若有多种直径时用"+"连接。

(5) 上部纵筋。输入格式：数量+级别+直径，如4B16，不同的直径使用"+"连接，区分上下排时用"/"分开，如2B12+2B10、4B12 2/2。

(6) 下部纵筋。同上部钢筋。

(7) 箍筋。按照图纸设置。

(8) 肢数。按照图纸设置。

(9) 备注。该属性值仅仅是个标识，对计算不会起任何作用。

(10) 其他箍筋。除了当前构件中已经输入的箍筋以外，还有需要计算的箍筋，则可以通过其他箍筋来输入。

(11) 侧面纵筋。有以下两种输入格式。

格式一：根数+级别+直径，如4B20。

格式二：级别+直径+@+间距，如B20@200。

(12) 拉筋。当有侧面纵筋时，软件按"计算设置"中的设置自动计算拉筋信息。当前构件需要做特殊处理时，可以根据实际情况输入。

(13) 汇总信息。默认为构件的类别名称。报表预览时部分报表可以以该信息进行钢筋的分类汇总。

(14) 保护层厚度(mm)。软件自动读取楼层管理中的保护层厚度，如果当前构件需要做特殊处理，则可以根据实际情况进行输入。

(15) 起点伸入墙内长度(mm)。过梁的一端，从门窗洞口边开始算起，伸入墙内的长度。沿墙体方向上距离墙体端点较近的一端称为起点。

(16) 终点伸入墙内长度(mm)。过梁的一端，从门窗洞口边开始算起，伸入墙内的长度。沿墙体方向上距离墙体端点较远的一端称为终点。

(17) 位置。可以设置过梁是在洞口上方还是下方。

3) 按照图纸要求绘制过梁

在绘图界面单击"点选"或者"智能布置"图标按钮，弹出下拉菜单，从中选择"按门窗洞口宽度布置"命令。按照图纸输入过梁布置宽度信息，设置完成后单击"确定"按钮，自动生成过梁，如图4-56所示。

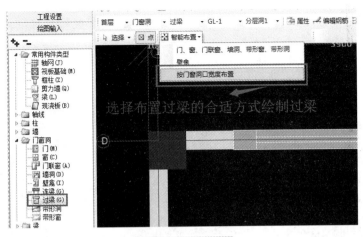

图 4-56　绘制过梁

4.3.8 三维图展示

当遇到以下问题时，可以使用"动态观察"功能。

(1) 整个工程绘制完毕后，从不同角度进行工程整体三维效果的预览。

(2) 通过显示构件的三维立体效果，检查构件绘制得是否正确。

(3) 在三维空间状态下编辑构件图元。

① 选择"视图"→"动态观察"菜单命令，如图 4-57 所示。

图 4-57　打开动态观察界面

②　在绘图区域拖动鼠标，绘图区域的构件图元会随着光标的移动而进行旋转，如图 4-58 所示。

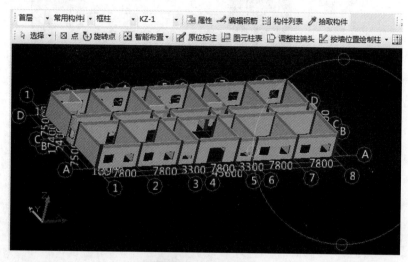

图 4-58　三维图展示

4.4　楼层复制真好用

4.4.1　楼层复制的方法

楼层复制的方法有两种：一种是在菜单栏的"楼层"中选择"从其他楼层复制构件图元"命令；另一种是在菜单栏的"楼层"中选择"复制构件到其他楼层"命令。

(1)　"从其他楼层复制构件图元"功能可以把其他楼层的构件图元复制到当前层。

①　切换到一个楼层，选择"楼层"→"从其他楼层复制构件图元"菜单命令，打开"从其他楼层复制图元"对话框。

②　在"源楼层选择"中选择要从哪一层复制，从"图元选择"列表框中选择需要复制的构件(勾选或取消构件前的对钩)。其中"源楼层选择"中默认的楼层为当前层的下一楼层。

③　单击"确定"按钮，则"源楼层选择"所选构件直接被复制到当前层，如图 4-59 所示。

(2)　"覆盖同类型同名构件"表示如果当前层与源楼层存在同类型同名称的构件时是否覆盖，勾选表示覆盖，不勾选则换名追加。

①　使用背景。在单构件输入中，当前层建立了构件而其他楼层全

复制图元到其他楼层.mp4

部或者部分构件与当前层相同。

② 功能价值。方便用户在单构件中把当前层构件快速复制到其他楼层中。

③ 功能操作。

a. 单击"楼层"菜单下的"复制构件到其他楼层"命令。

b. 在"当前层构件列表"中勾选要复制到其他楼层的构件，在"目标楼层列表"中选择楼层，单击"确定"按钮，复制完成，如图 4-60 所示。

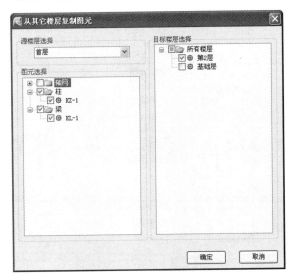

图 4-59　从其他楼层复制图元

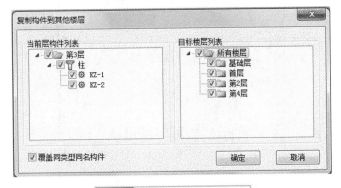

图 4-60　复制构件到其他楼层

④ 说明。

"覆盖同类型同名构件"。如果当前层与源楼层存在同类型同名称的构件时，勾选此复选框表示覆盖，不勾选则追加。

4.4.2 二～四层标准层的绘制

（1）楼层切换。

一层全部构件绘制完成后，在菜单栏选择"楼层"→"切换楼层"命令，弹出"选择楼层"对话框，选择"第2层"选项，单击"确定"按钮完成操作，如图4-61、图4-62所示。

图 4-61　打开楼层切换

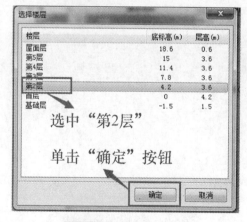

图 4-62　切换到第二层

（2）切换到第2层之后，根据图纸信息，每层构件类型基本一样，只有数据信息或者参数信息不尽相同，而且编辑方法与首层相同，这里不再重复描述。注意：对于图纸上局部和首层不同的构件或者数据，需要进行修改，操作步骤同一层。

(3) 根据图纸信息，二、三、四层为标准层，参数设置相同，所以构件设置完成后，在工具栏中单击"复制构件到其他楼层"图标按钮，把第二层的梁、板、柱等标准构件复制到其他楼层。

(4) 在弹出的"复制构件到其他楼层"对话框中选中需要复制的构件和需要复制到哪些楼层，全部设置好后，单击"确定"按钮。

这里以梁构件为例进行楼层构件的复制说明。

单击绘图界面中的"复制构件到其他楼层"图标按钮，打开"复制构件到其他楼层"对话框，在"当前楼层构件列表"列表框中把需要复制的构件选中，同样在"目标楼层列表"列表框中选择需要复制到的楼层数，最后单击"确定"按钮，完成操作，如图 4-63 所示。

图 4-63　复制构件到其他楼层

(5) 其他标准层的各种构件，都可以运用楼层构件复制的方式进行绘制，达到简单、快捷的工作效果，但前提是要保证第二层的标准层构件的新建、定义的信息准确，而且绘制准确无误，这样才能保证复制的楼层构件也正确。

4.5 屋面层很重要

屋面层主体构件有柱子、屋面梁、屋面板等，这些构件的基本做法和首层做法一样，在此就不多做赘述了。

4.5.1 女儿墙的绘制

对于广联达钢筋算量软件，绘图构件树中并没有女儿墙这个单列的构件，所以要绘制女儿墙，就要在墙构件中新建和定义女儿墙信息并进行绘制。

1. 新建女儿墙构件和定义女儿墙信息

女儿墙的绘制.mp4

在软件窗口左侧的"模块导航栏"中选择打开"绘图输入"，选择"墙"→"砌体墙"，按照图纸说明中的女儿墙信息来定义，如图4-64、图4-65所示。

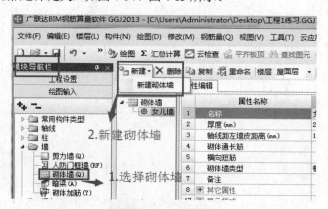

图 4-64 新建女儿墙

图 4-65 定义女儿墙

2. 按照图纸说明信息来绘制女儿墙

(1) 在新建和定义好女儿墙后，选择菜单栏中的"绘图"，打开绘图界面，在绘图工具栏中单击"直线"图标按钮，按照图纸说明，沿外墙轴线进行女儿墙的绘制，如图4-66所示。

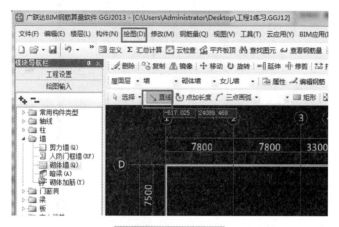

图 4-66　绘制女儿墙

(2) 绘制完成的女儿墙三维图展示，如图4-67所示。

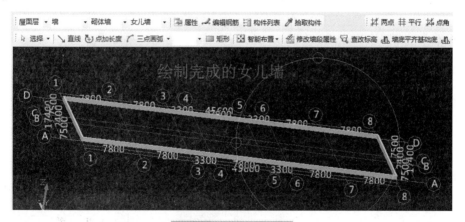

图 4-67　女儿墙三维图

4.5.2 ┃┃ 压顶的绘制

1. 新建和定义压顶

打开"模块导航栏"，选择"其他"→"压顶"构件，新建一个压顶，接着定义"压顶"信息。然而在信息编辑对话框中会发现"其他钢筋"没有对应的钢筋信息，所以要想提取压顶中的钢筋量，需要通过类似构件来绘制，这里选择利用"圈梁"来代替"压顶"的绘制，并把"压顶"的钢筋信息按照图纸要求编辑在圈梁中进行绘制，如图 4-68 所示。

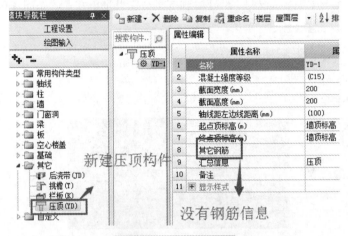

图 4-68 新建"压顶"

压顶绘制.mp4

2. 通过圈梁构件来新建和定义压顶的属性信息

(1) 在"模块导航栏"绘图输入里选择"梁"→"圈梁"构件，新建"矩形圈梁"。在"属性编辑"栏按照结构施工图"18.45 板平法平面图"中压顶配筋图来依次编辑压顶属性，如图 4-69 所示。

(2) 压顶的绘制。在"模块导航栏"绘图输入里选择"梁"→"圈梁"构件，双击进入绘图界面，在绘图界面单击"直线"图标按钮，沿轴线布置压顶，如图 4-70 所示。

(3) 绘制完成的女儿墙压顶三维图展示，如图 4-71 所示。

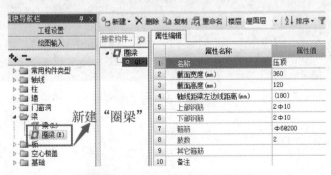

图 4-69 新建和定义"压顶"属性

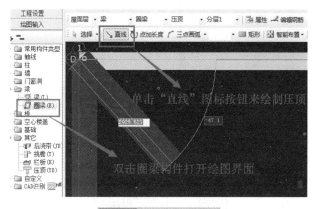

图 4-70 绘制"压顶"

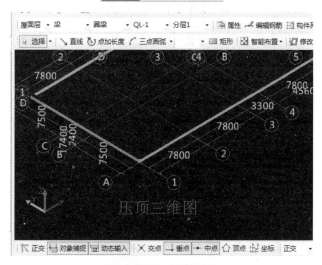

图 4-71   压顶三维图

4.5.3 ▌屋面的绘制

　　屋面构件的绘制同标准层方法一致，在这里只把屋面板单独需要新建和绘制的板负筋这一项来做一下介绍。

　　新建屋面板负筋和定义屋面板负筋信息操作如下。

　　(1) 在"模块导航栏"绘图输入里选择"板"→"板负筋"构件，新建"板负筋"。在"属性编辑"栏按照结构施工图"18.45 板平法平面图"中板的负筋布置来完成板的属性编辑设置，如图 4-72 所示。

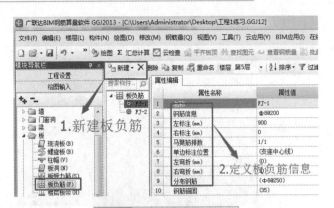

图 4-72　新建和定义板负筋

（2）板负筋的绘制。在"模块导航栏"绘图输入里选择"板"→"板负筋"构件，并双击进入绘图界面。在绘图界面选择"按梁布置"绘图命令，沿梁轴线位置来布置板负筋，如图 4-73 所示。

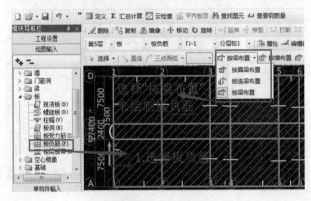

图 4-73　绘制板负筋

4.6　基础也是关键

4.6.1　基础层柱

对于柱构件，本书所用的五层办公楼图纸，柱平法平面图标高为-1～18.55m，因此可以看出此图纸整楼柱子的位置和钢筋布置是相同的，所以基础层的柱子绘制和首层一样，在此就不做过多的叙述了。

基础层柱三维图展示，如图 4-74 所示。

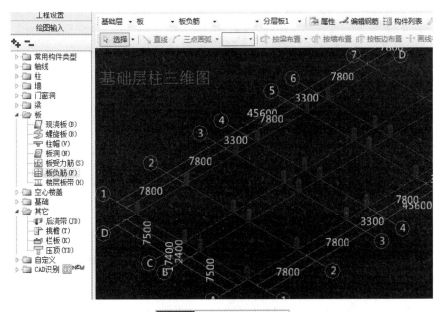

图 4-74 基础层柱三维图

4.6.2 筏板基础

本书采用的五层办公楼图纸基础形式为筏板基础，本小节就围绕筏板基础的新建和绘制来展开介绍。

1. 按照图纸定义筏板基础的构件属性并绘制图元

(1) 筏板基础的新建和定义。

在"模块导航栏"绘图输入中选择"基础"→"筏板基础"构件，新建"筏板基础"文件。在"属性编辑"栏按照结构施工图"基础平面图"来完成筏板基础的属性编辑，如图 4-75 所示。

筏板基础绘制.mp4

基础.mp3

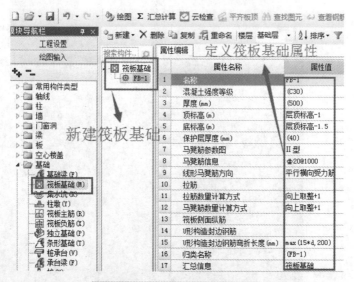

图 4-75　筏板基础的新建和定义

（2）筏板基础图元的绘制。在"模块导航栏"绘图输入中选择"基础"→"筏板基础"
构件，并双击左键进入绘图界面。在绘图界面单击"直线"图标按钮，沿轴线布置筏板基
础，如图 4-76 所示。

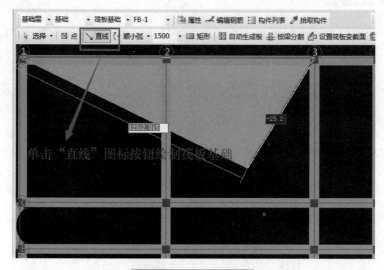

图 4-76　绘制筏板基础

(3) 绘制完成的筏板基础三维图展示，如图 4-77 所示。

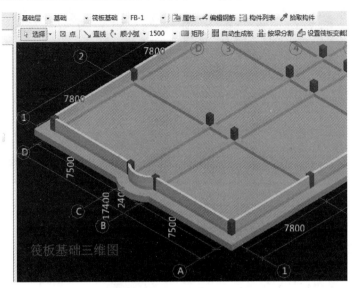

图 4-77　筏板基础三维图

2. 按照图纸定义筏板基础马凳筋的属性并绘制图元

新建和定义马凳筋信息的步骤如下。

在新建好的筏板基础构件"属性编辑"栏中选择"马凳筋参数图"，单击打开选择符合要求的马凳筋类型，并完成属性信息的编辑，如图 4-78、图 4-79 所示。

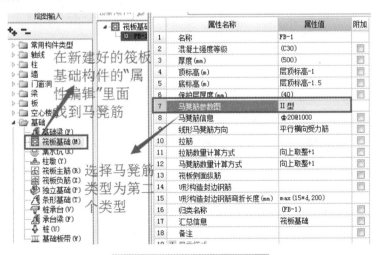

图 4-78　马凳筋的新建和定义

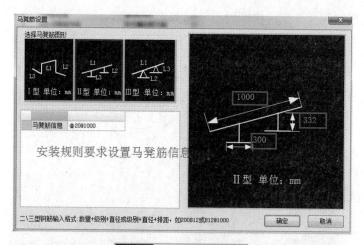

图 4-79　选择马凳筋类型

3. 按照图纸定义筏板基础主筋的属性并绘制图元

(1) 新建和定义筏板柱筋信息。

在"模块导航栏"绘图输入中选择"基础"→"筏板主筋"构件，新建"筏板主筋"。在"属性编辑"栏按照结构施工图"基础平面图"来完成筏板主筋的属性编辑，如图 4-80 所示。

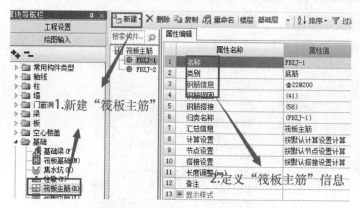

图 4-80　新建和定义"筏板主筋"

筏板主筋定义绘制.mp4

(2) 筏板主筋图元的绘制。

① 筏板主筋绘制步骤。在"模块导航栏"绘图输入中选择"基础"→"筏板主筋"构件，并双击进入绘图界面，在绘图界面单击"单板"图标按钮和"XY 方向"图标按钮，再单击绘图界面空白处，会弹出"智能布置"对话框，按照基础平面图来布置筏板主筋，如图 4-81 所示。

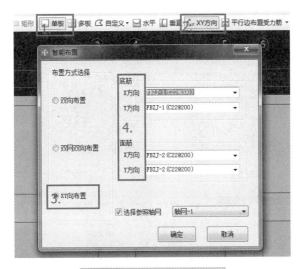

图 4-81　智能布置筏板主筋

② 点击"确定"按钮自动生成筏板主筋，如图 4-82 所示。

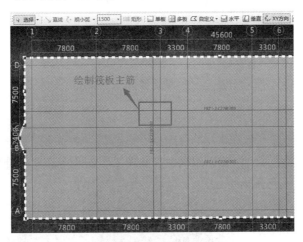

图 4-82　绘制筏板主筋

4.6.3 基础梁的建法及汇总工程量

按照图纸定义基础梁的属性并绘制图元。

1. 新建和定义基础梁

在"模块导航栏"的"绘图输入"中选择"基础"→"基础梁"构件，新建"矩形基础梁"。在"属性编辑"栏按照结构施工图"基础平面图"来完成基础梁的属性编辑，如图 4-83 所示。

基础梁.mp3　　　　基础梁的定义和绘制.mp4

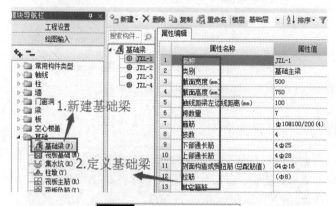

图 4-83　新建和定义基础梁

2. 基础梁图元的绘制

在"模块导航栏"的"绘图输入"中选择"基础"→"基础梁"构件并双击，进入绘图界面。在绘图界面单击"直线"图标按钮，按照基础平面图来布置基础梁，如图 4-84 所示。

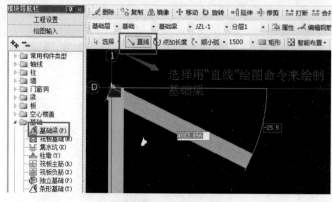

图 4-84　绘制基础梁

3. 基础梁三维图展示

基础梁三维图如图 4-85 所示。

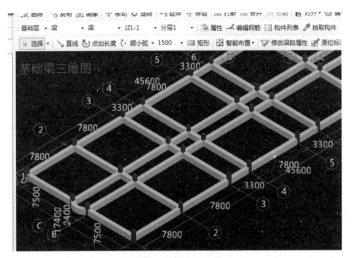

图 4-85　基础梁三维图

4.7　最后楼梯不能忘

按照图纸新建和定义楼梯。

(1) 广联达钢筋算量需要在"单构件输入"中新建一个楼梯。打开"单构件输入"栏，单击"构件管理"图标按钮。单击"添加构件"图标按钮，在"添加构件类型"中选择"楼梯"，单击"确定"按钮完成设置，如图 4-86、图 4-87 所示。

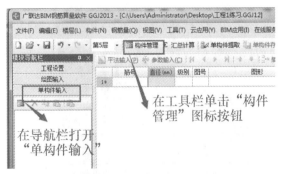

图 4-86　单击"构件管理"

楼梯.jpg

楼梯的定义和绘制.mp4

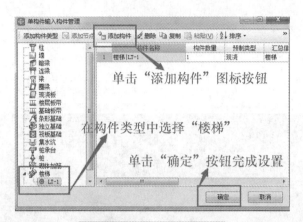

图 4-87　添加"楼梯"构件

(2) 新建好楼梯构件后,单击"参数输入"图标按钮,进行楼梯参数的修改设置,如图 4-88 所示。

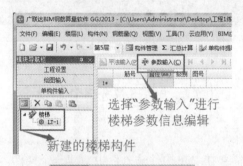

图 4-88　打开楼梯参数设置

(3) 打开"参数输入法"界面,按照图纸楼梯详图要求选择楼梯类型,如图 4-89 所示。

图 4-89　选择楼梯图集类型

(4) 在选择好的楼梯类型中按照图纸楼梯详图信息来分别设置楼梯的配筋参数,如图 4-90 所示。

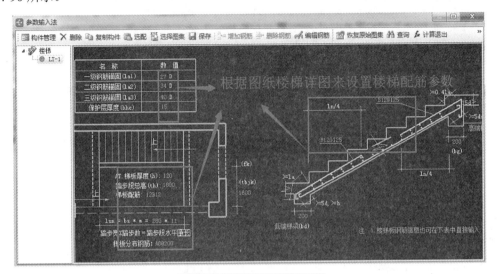

图 4-90　设置楼梯配筋参数

(5) 楼梯构件信息设置完成后单击"保存"和"计算退出"图标按钮,如图 4-91 所示。

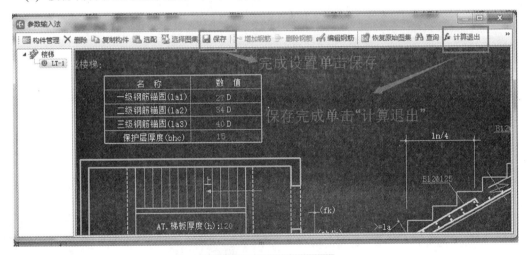

图 4-91　保存和计算退出

(6) 新建楼梯设置完成,自动生成楼梯钢筋工程量,如图 4-92 所示。

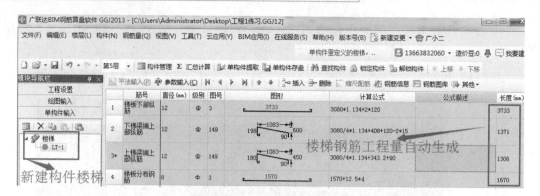

图 4-92　计算楼梯钢筋工程量

4.8　三维效果来展示

全部楼层构件绘制完成，可以在绘图界面查看整体楼层构件的三维图。

(1) 五层办公楼三维图展示。

在软件操作界面工具栏单击"选择楼层"图标按钮，打开"三维楼层显示设置"对话框，选中"全部楼层"单选按钮，单击"关闭"按钮完成操作，如图 4-93 所示。

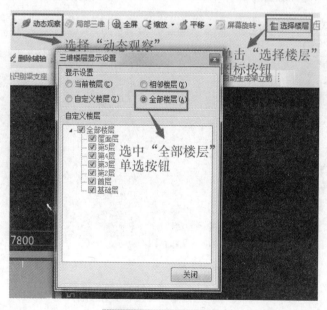

图 4-93　全部楼层选择

整体三维效果图展示.mp4

(2) 在工具栏中单击"动态观察"，使用动态观察来查看整层楼的三维构件，如图 4-94 所示。

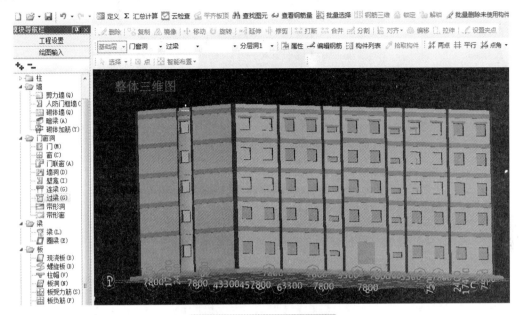

图 4-94 五层办公楼三维图

4.9 工程量汇总报表导出有技巧

在楼层所有构件绘制完成后，可以进行整栋楼钢筋工程量的计算和报表导出工作。

(1) 汇总计算整楼钢筋工程量。

在工具栏中单击"汇总计算"图标按钮，在弹出的对话框中选择全部楼层和全部构件，单击"计算"按钮完成操作，如图 4-95 所示。

(2) 汇总计算完成后，自动完成钢筋工程量报表。

① 在"模块导航栏"中的"报表预览"栏可以看到完成的各类相关数据报表，可以分别单击查看或者导出，如图 4-96 所示。

② 钢筋明细如图 9-97 所示。

工程量报表导出.mp4

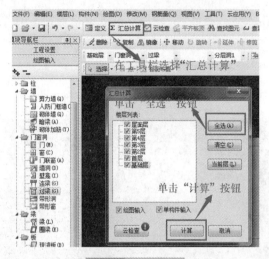

图 4-95　汇总计算

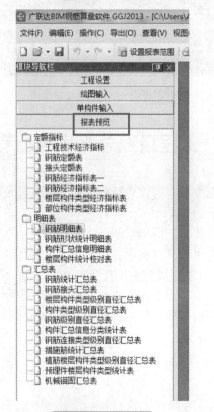

图 4-96　报表预览

部分构件钢筋量表

工程名称：工程1									编制日期：2017-06-18	

楼层名称：基础层（绘图输入）									钢筋总重：76881.473Kg	

筋号	级别	直径	钢筋图形		计算公式	根数	总根数	单长m	总长m	总重kg
构件名称：KZ-1-1[621]					构件数量：14		本构件钢筋重：66.586Kg			
构件位置：〈3，D〉；〈1+100，C〉；〈1+100，B〉；〈3，B〉；〈6，B〉；〈3，C〉；〈6，C〉；〈8-100，B〉；〈8-100，C〉；〈6，D〉；〈4，A〉；〈3，A〉；〈5，A〉；〈6，A〉										
全部纵筋插筋.1	Φ	22	150 ⌐ 2947		4400/3+1*max(35*d,50 0)+750-40+max(6*d,15 0)	4	56	3.097	173.43 2	516.827
全部纵筋插筋.2	Φ	22	150 ⌐ 2177		4400/3+750-40+max(6* d,150)	4	56	2.327	130.31 2	388.33
箍筋.1	Φ	8	360 ▱ 360		2*((400-2*20)+(400-2 *20))+2*(11.9*d)	3	42	1.63	68.46	27.042
构件名称：KZ-1-1[622]					构件数量：6		本构件钢筋重：66.18Kg			
构件位置：〈4，D〉；〈4，B〉；〈5，B〉；〈4，C〉；〈5，C〉；〈5，D〉										
全部纵筋插筋.1	Φ	22	150 ⌐ 2930		4350/3+1*max(35*d,50 0)+750-40+max(6*d,15 0)	4	24	3.08	73.92	220.282
全部纵筋插筋.2	Φ	22	150 ⌐ 2160		4350/3+750-40+max(6* d,150)	4	24	2.31	55.44	165.211
箍筋.1	Φ	8	360 ▱ 360		2*((400-2*20)+(400-2 *20))+2*(11.9*d)	3	18	1.63	29.34	11.589

图9-97　钢筋明细表

③ 钢筋统计汇总如图9-98所示。

钢筋工程.pptx

工程名称：工程1				编制日期：2017-06-18							单位：t	
构件类型	合计	级别	6	8	10	12	14	16	18	20	22	25	28
柱	25.416	Φ		6.89						4.93	9.913	3.884	
过梁	0.131	Φ	0.131										
	0.355	Φ				0.15	0.205						
梁	0.542	Φ	0.542										
	52.88	Φ		9.702	3.892		5.322		0.063	1.233	26.677	5.992	
圈梁	0.479	Φ	0.146		0.333								
现浇板	0.365	Φ	0.365										
	39.287	Φ		33.053		6.234							
基础梁	0.263	Φ	0.263										
	17.384	Φ		6.404			0.173	1.15			3.564	4.294	1.799
筏板基础	56.695	Φ								5.693	51.002		
楼梯	0.136	Φ		0.03	0.106								
合计	1.78	Φ	1.183	0.263	0.333								
	95.679	Φ		16.392	10.296		5.495	1.15	0.063	8.163	40.154	14.169	1.799
	96.473	Φ		33.083	0.106	6.384	0.205			5.693	51.002		

图9-98　钢筋统计汇总表(包含措施筋)

第5章 土建算量软件听说很神奇

5.1 开头很重要——工程的新建和导图

5.1.1 新建工程

(1) 在桌面上找到广联达 BIM 土建算量软件 GCL2013，双击打开，如图 5-1 所示。

图 5-1 打开软件

(2) 在弹出的工程界面，单击"新建向导"图标按钮，进入工程设置界面，如图 5-2 所示。

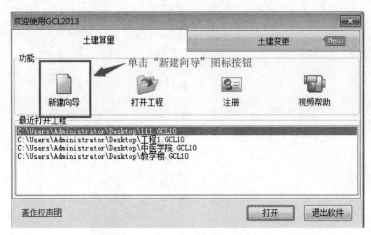

图 5-2 单击"新建向导"图标按钮

(3) 根据图纸信息输入工程名称，根据工程信息选择清单规则、定额规则、清单库、定额库等信息，"做法模式"选择"纯做法模式"。设置完成后单击"下一步"按钮进入工程信息界面，如图 5-3 所示。

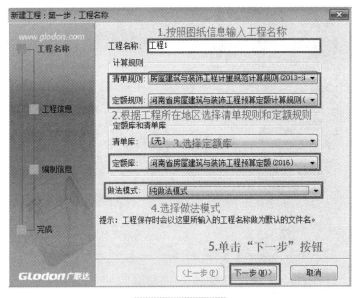

图 5-3　工程名称

注：① 工程量表模式。为方便统一管理及应用，把要计算的各项工程量分别按构件罗列出来，这样形成的一张表格就是工程量表。工程量表的好处是：集中管理工程量，便于进行分析调整；对于新预算员可以引导其逐步学习到算量业务的实质，帮助其在短时间内胜任岗位工作，提高工作效率；对于老预算员可以为其理清思路，避免漏项，提高工作效率。

② 纯做法模式。构件做法的套取与 GCL8.0 中定义方式完全一致，需要查询定额库，手动选择相应的定额并选取工程量代码。新建工程时如果选择该模式，软件会在定义构件的界面自动跟出所定义的构件需要计算的工程量表及工程量代码，并可以实现构件做法的自动套取，建议初学者还是使用纯做法模式。

(4) 输入室外地坪相对±0.000 标高，输入完成后单击"下一步"按钮进入工程信息界面，如图 5-4 所示。

注：蓝色字体的内容会影响到计算结果，黑色字体主要起标识作用，对计算结果无影响。

(5) 编制信息界面的内容只是起标识作用，可以不用填写，直接单击"下一步"按钮即可，如图 5-5 所示。

(6) 确认输入信息的正确性，如果没有错误，单击"完成"按钮完成新建工程的操作，如图 5-6 所示。

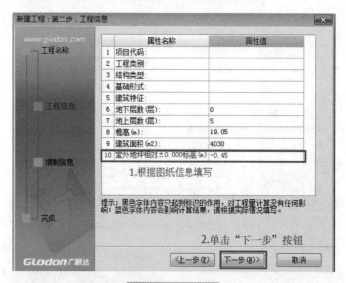

图 5-4 工程信息

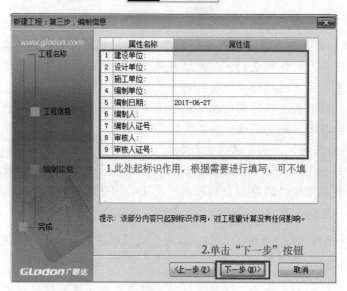

图 5-5 编制信息

(7) 单击"工程信息"选项，切换到工程设置界面，可以查看工程信息，并对工程信息进行修改，如图 5-7 所示。

💡 注： 只能对白色背景的信息进行修改，黄色背景的信息无法进行修改。

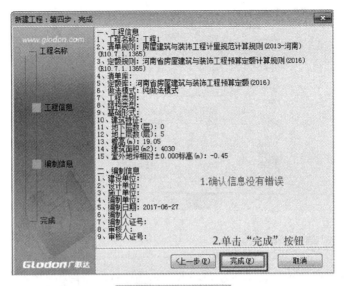

图 5-6　新建工程完成

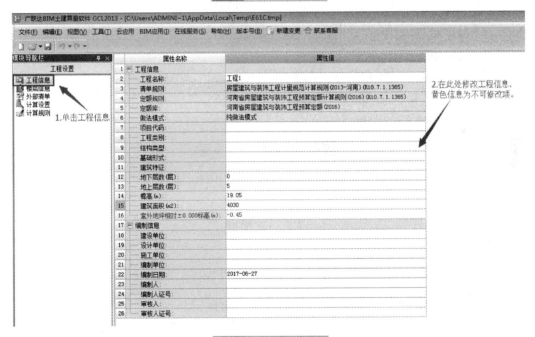

图 5-7　工程设置界面

(8) 对于混凝土构件，工程设置中的标号设置栏还可以进行混凝土和砂浆的标号修改，如图 5-8 所示。

图 5-8　标号设置

5.1.2 楼层信息设置

(1) 在"模块导航栏"里单击"楼层信息"选项，打开楼层定义界面，对楼层信息进行编辑，如图 5-9 所示。

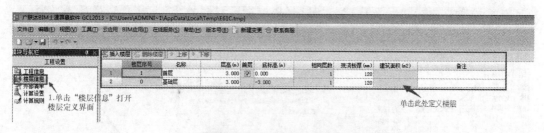

图 5-9　打开楼层定义界面

(2) 选中想要插入楼层的位置，单击"插入楼层"图标按钮，添加楼层信息，如图 5-10 所示。

图 5-10　插入楼层

(3) 选中想要删除的楼层，单击"删除楼层"图标按钮，删除楼层信息，如图 5-11 所示。

(4) 把第 6 层的名称改为女儿墙，如图 5-12 所示。

单击"删除楼层"

插入楼层　删除楼层　上移　下移

楼层序号	名称	层高(m)	首层	底标高(m)	相同层数	现浇板厚(mm)	建筑面积(m2)	备注
1	6	第6层	3.000	☐	15.000	1	120	
2	5	第5层	3.000	☐	12.000	1	120	
3	4	第4层	3.000	☐	9.000	1	120	
4	3	第3层	3.000	☐	6.000	1	120	
5	2	第2层	3.000	☐	3.000	1	120	
6	1	首层	3.000	☑	0.000	1	120	
7	0	基础层	3.000		-3.000	1	120	

图 5-11　删除楼层

插入楼层　删除楼层　上移　下移

楼层序号	名称	层高(m)	首层	底标高(m)	相同层数	现浇板厚(mm)	建筑面积(m2)	备注
1	6	第6层	0.600	☐	18.600	1	120	
2	5	第5层	3.600	☐	15.000	1	120	
3	4	第4层	3.600	☐	11.400	1	120	
4	3	第3层	3.600	☐	7.800	1	120	
5	2	第2层	3.600	☐	4.200	1	120	
6	1	首层	4.200	☑	0.000	1	120	
7	0	基础层	1.500		-1.500	1	500	

修改楼层名称

图 5-12　修改楼层名称

(5) 根据图纸修改楼层信息，如图 5-13 所示。

楼层序号	名称	层高(m)	首层	底标高(m)	相同层数	现浇板厚(mm)	建筑面积(m2)	备注
1	6	第6层	0.600	☐	18.600	1	120	
2	5	第5层	3.600	☐	15.000	1	120	
3	4	第4层	3.600	☐	11.400	1	120	
4	3	第3层	3.600	☐	7.800	1	120	
5	2	第2层	3.600	☐	4.200	1	120	
6	1	首层	4.200	☑	0.000	1	120	
7	0	基础层	1.500		-1.500	1	500	

单击此处修改层高

图 5-13　修改层高

注：　基础层层高的定义如下。

① 无地下室：从基础底面到首层结构地面。

② 有地下室：从基础底面到地下室结构地面。

5.1.3 钢筋算量图纸导入

(1) 在菜单栏中单击"文件"，弹出下拉菜单，如图 5-14 所示。

导入钢筋工程文件.mp4

图 5-14　单击"文件"菜单

(2) 选择"导入钢筋(GGJ)工程"命令，如图 5-15 所示。

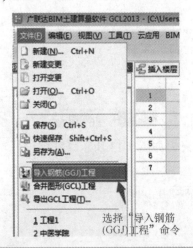

图 5-15　选择"导入钢筋(GGJ)工程"命令

(3) 双击之前绘制好的钢筋算量图纸(或单击选中，然后单击"打开"按钮)，如图 5-16 所示，弹出"导入 GGJ 文件"对话框。

(4) 在左边的"楼层列表"下面单击"全选"按钮，选择全部楼层。在右边的"构件列表"列表框下面同样单击"全选"按钮，选择全部构件，选择完成后单击"确定"按钮，如图 5-17 所示。

💡 注：　如果工程很大，建议分两次导入。

(5) 导入完成后，单击"确定"按钮，如图 5-18 所示。

土建算量软件听说很神奇　　第5章

图 5-16　选择工程并打开

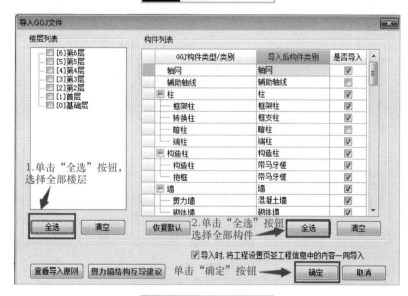

图 5-17　选择构件及楼层

131

图 5-18 导入完成

5.2 楼梯绘制并不难

5.2.1 首层的绘制

建筑物中作为楼层间交通用的构件，由连续梯级的梯段、平台和围护结构等组成。在设电梯的高层建筑中也同样必须设置楼梯。楼梯分普通楼梯和特种楼梯两大类。普通楼梯包括钢筋混凝土楼梯、钢楼梯和木楼梯等，其中钢筋混凝土楼梯在结构刚度、耐火、造价、施工、造型等方面具有较多的优点，应用最为普遍。特种楼梯主要有安全梯、消防梯和自动梯3种。

在广联达软件里，楼梯分楼梯、参数化楼梯和组合楼梯。

(1) 在"模块导航栏"中双击"楼梯"，切换到楼梯信息编辑界面，如图 5-19 所示。

参数化楼梯.mp3

图 5-19 切换构件定义界面

(2) 右键单击"构件列表"下方的"新建"图标按钮，在弹出的下拉菜单中选择"新建参数化楼梯"命令，如图 5-20 所示，弹出"选择参数化图形"对话框。

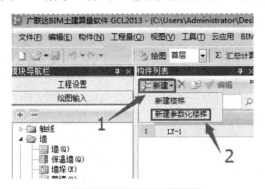

图 5-20　新建参数化楼梯

(3) 根据图纸提供的信息，选择"标准双跑 1"楼梯，单击"确定"按钮，进入参数编辑页面，如图 5-21 所示。

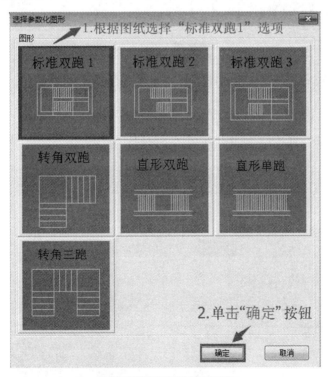

图 5-21　选择参数化图形

(4) 依照图纸信息，修改各项参数，修改完成后单击"保存退出"按钮，退出参数修改界面，如图 5-22 所示。

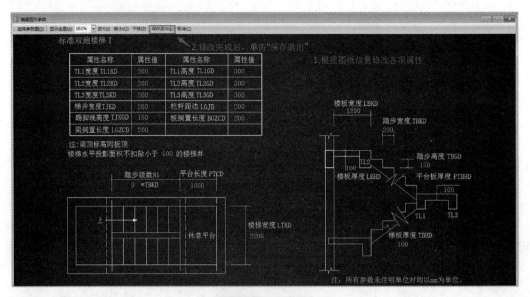

图 5-22　修改参数

(5) 构件设置完成后，单击"绘图"图标按钮，进入绘图输入界面，如图 5-23 所示。

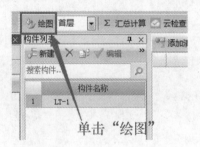

图 5-23　进入绘图输入界面

(6) 选择合适的绘图方式后开始绘图，如图 5-24 所示。

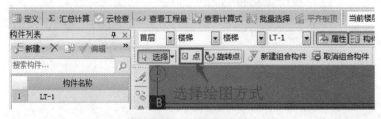

图 5-24　选择绘图方式

(7) 选择合适的插入点，单击鼠标左键指定插入点，如图 5-25 所示。

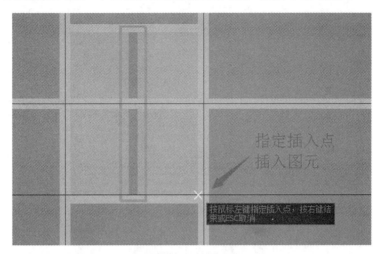

图 5-25　指定插入点

(8) 插入图元后，单击选中图元，如图 5-26 所示。

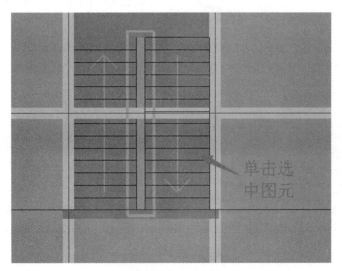

图 5-26　选中图元

(9) 右键单击选中的图元，在弹出的快捷菜单中选择"旋转"命令，如图 5-27 所示。

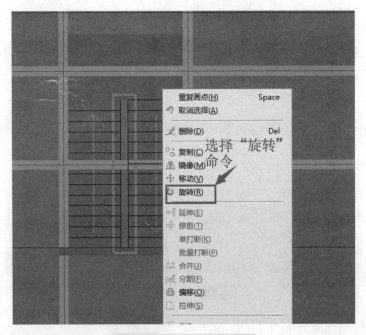

图 5-27　选择"旋转"命令

(10) 选择合适的旋转基准点，如图 5-28 所示。

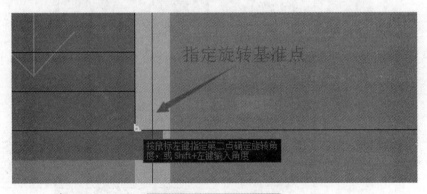

图 5-28　指定旋转基准点

(11) 用鼠标左键选中第二点，并确定旋转角度，如图 5-29 所示。

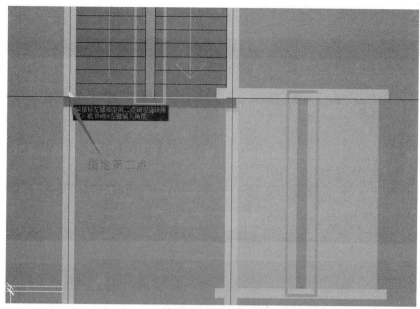

指定第二点

图 5-29　指定第二点

(12) 单击想要移动的图元，如图 5-30 所示。

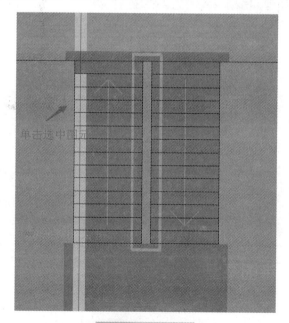

单击选中图元

图 5-30　选中图元

(13) 右键单击选中的图元，在弹出的快捷菜单中选择"移动"命令，如图 5-31 所示。

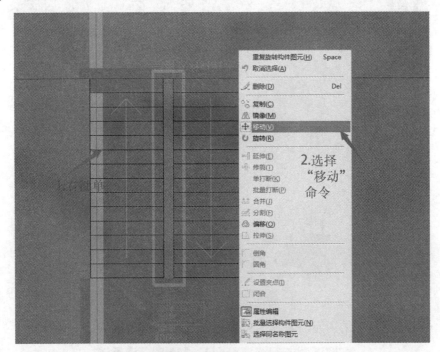

图 5-31 选择"移动"命令

(14) 选择合适的基准点单击(或按 Shift+左键输入偏移值进行移动)，如图 5-32 所示。

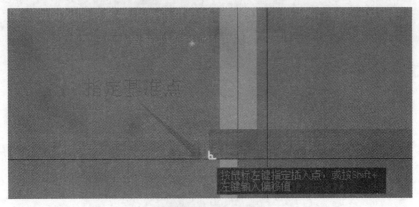

图 5-32 指定基准点

(15) 单击选中第二个基准点，构件移动成功，如图 5-33 所示。

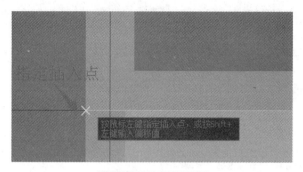

图 5-33 指定插入点

(16) 楼梯绘制完成，如图 5-34 所示。

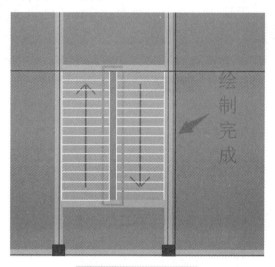

图 5-34 楼梯绘制完成

(17) 楼梯绘制完成的三维图展示，如图 5-35 所示。

注： ① 计算规则中计算楼梯工程量时，如果规定宽度小于500(或300)的楼梯井的面积不扣除，那么楼梯井就可以不绘制。

② 室内楼梯建筑面积已经包含在建筑面积图元内，为避免重复计算，所以室内楼梯的建筑面积计算方式一般选择为"不计算"，如果楼梯是室外楼梯，那么根据不同的建筑面积计算规则可以选择计算一半或计算全部。

③ 本楼梯构件只计算投影面积量。

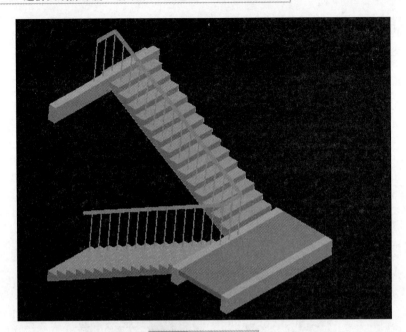

图 5-35 楼梯三维图

5.2.2 二、三、四层的绘制

(1) 一层楼梯绘制完成后，在工具栏找到楼层切换，单击"首层"按钮，在弹出的下拉列表框中选择"第二层"选项，如图 5-36 所示。

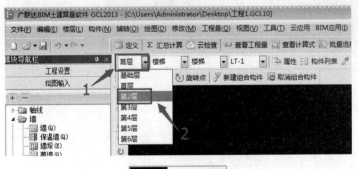

图 5-36 切换楼层

楼梯.mp4

(2) 切换到第 2 层后，在工具栏中单击"定义"图标按钮，打开构件定义界面，如图 5-37 所示。

(3) 二层的楼梯构件，除参数不同外，其编辑方法与首层相同，这里不再重复描述。

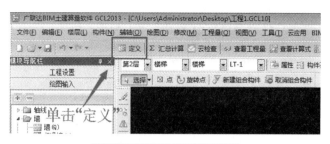

图 5-37　打开构件定义界面

（4）根据图纸信息，二、三、四层的楼梯参数相同，所以构件设置完成后，在工具栏中单击"复制构件到其他楼层"图标按钮，把楼梯构件复制到其他楼层，如图 5-38 所示。

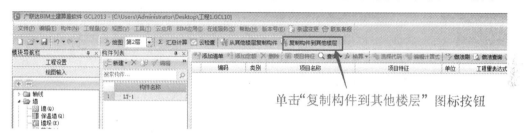

图 5-38　复制构件到其他楼层

（5）在弹出的"复制构件到其他楼层"对话框中选中需要复制的构件，和需要复制到哪些楼层，全部设置好后，单击"确定"按钮，如图 5-39 所示。

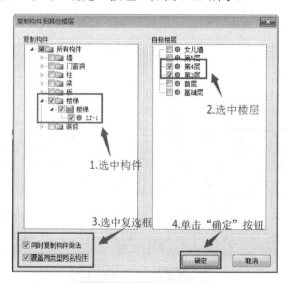

图 5-39　选择构件及楼层

(6) 构件复制完成后，在弹出的提示框中单击"确定"按钮，如图 5-40 所示。

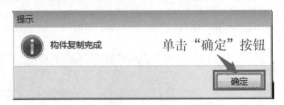

图 5-40 复制完成

(7) 在工具栏中单击"绘图"图标按钮，进入绘图输入界面，如图 5-41 所示。

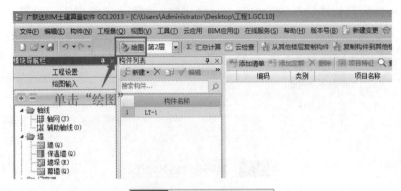

图 5-41 切换绘图输入界面

(8) 二层的楼梯绘制方法按照首层绘制方法绘制即可。

(9) 图元绘制完成后，选中刚画好的图元，如图 5-42 所示。

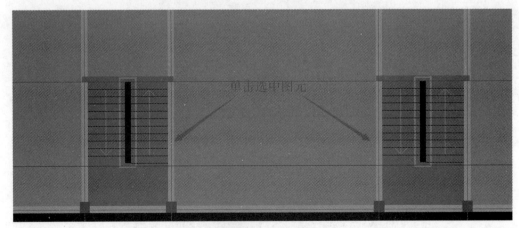

图 5-42 选中图元

(10) 在菜单栏中单击"构件"菜单项，在弹出的下拉菜单中选择"复制构件到其他楼层"命令，如图 5-43 所示。

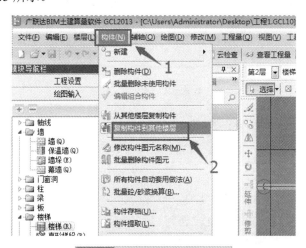

图 5-43　复制构件到其他楼层

(11) 在弹出的"复制构件到其他楼层"对话框中选中需要复制的构件，和需要复制到哪些楼层，全部设置好后单击"确定"按钮，如图 5-44 所示。

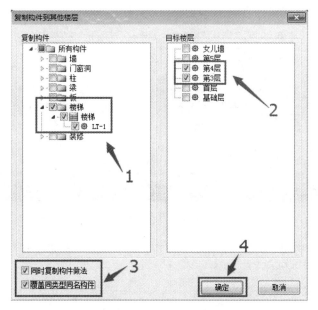

图 5-44　选择构件及楼层

(12) 构件复制完成后，在弹出的提示框中单击"确定"按钮，如图 5-45 所示。

图 5-45 复制完成

5.2.3 楼梯的三维图查看

(1) 楼梯绘制完成后，在工具栏中单击"局部三维"图标按钮，如图 5-46 所示。

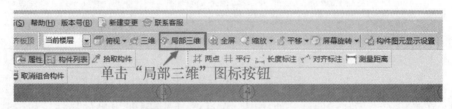

图 5-46 单击"局部三维"图标按钮

(2) 框选想要查看的楼梯，如图 5-47 所示。

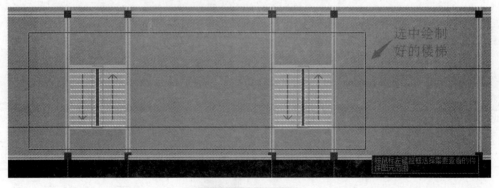

图 5-47 选择图元

(3) 单击"当前楼层"，在弹出的下拉列表框中选择"自定义楼层"选项，如图 5-48 所示。

(4) 在"三维楼层显示设置"对话框中，选中想要查看的楼层，单击"确定"按钮，如图 5-49 所示。

(5) 查看楼梯的三维图，如图 5-50 所示。

图 5-48　切换楼层

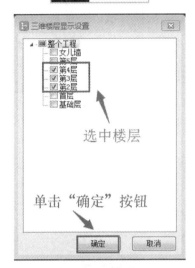

图 5-49　选择楼层

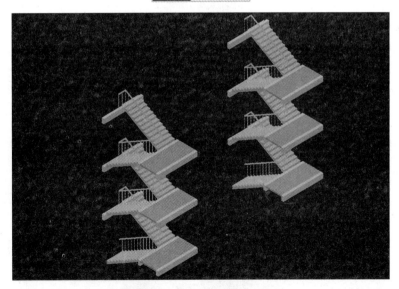

图 5-50　二到四层楼梯三维图

5.3　装修，淡妆浓抹总相宜

5.3.1 ▎首层的绘制

在广联达软件中装修的绘制有两种方法：一种是先建立房间，在每个房间里分别建立墙面、地面、踢脚等，再布置房间；另一种是分别建立墙面、地面、踢脚，再一个房间一个房间地分别布置。

(1) 在"模块导航栏"中选择"房间"项，打开构件输入界面，如图 5-51 所示。

装修.mp3

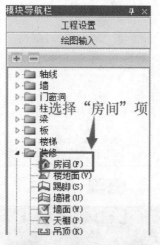

装修的绘制.mp4

图 5-51　切换构件定义界面

(2) 把楼层改为"首层"，单击"构件列表"下面的"新建"图标按钮，在弹出的下拉菜单中选择"新建房间"命令，如图 5-52 所示。

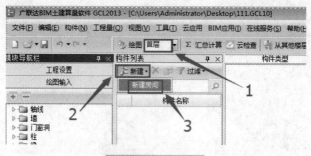

图 5-52　新建房间

（3）房间建好后，根据图纸信息，在下方的"属性编辑框"进行属性编辑，如图 5-53 所示。

属性编辑框	叫 ×	
属性名称	属性值	附加
名称	接待大厅	
底标高(m)	层底标高	☐
备注		☐
⊞ 计算属性		
⊞ 显示样式		

属性编辑

图 5-53 属性编辑

（4）根据室内装修做法表对房间进行编辑，如图 5-54 所示。

室内装修做法表

	房间名称	楼面/地面	踢脚/墙裙	窗台板	内墙面	顶棚	备注
一层	接待大厅	地面1	墙裙1高1200		内墙面1	吊顶1(高3600)	一、关于吊顶高度的说明 这里的吊顶高度指的是某层的结构标高到吊顶底的高度。 二、关于窗台板的说明 窗台板材质为大理石 飘窗窗台板尺寸为： 洞口宽(长)×650(宽) 其他窗台板尺寸为： 洞口宽(长)×200(宽)
	楼梯间	地面3	踢脚2		内墙面1	天棚1	
	走廊	地面1	踢脚2		内墙面1	吊顶1(高3200)	
	办公室,会议室,餐厅	地面3	踢脚1	有	内墙面1	吊顶1(高3300)	
	厨房	地面2		有	内墙面2	吊顶2(高3300)	
	卫生间	地面2		有	内墙面2	吊顶2(高3300)	
二至三层	楼梯间	地面3	踢脚2		内墙面1	天棚1	
	活动大厅	楼面3	踢脚2		内墙面1	吊顶1(高2900)	
	走廊	楼面3	踢脚2		内墙面1	吊顶1(高2900)	
	办公室、会议室	楼面1	踢脚1		内墙面1	天棚1	
	教室	楼面4	踢脚3		内墙面1	天棚1	
	卫生间	楼面2		有	内墙面2	吊顶2(高2900)	
四五层	楼梯间	地面3	踢脚2		内墙面1	天棚1	
	走廊	楼面3	踢脚2		内墙面1	天棚1	
	办公室	楼面1	踢脚1		内墙面1	天棚1	
	教室	楼面4	踢脚3		内墙面1	天棚1	
	卫生间	楼面2		有	内墙面1	天棚1	

图 5-54 室内装修做法表

（5）在"构件类型"中选择"楼地面"项，单击"新建"图标按钮，如图 5-55 所示。

（6）楼地面新建完成后，在下方的"属性编辑框"中编辑属性，如图 5-56 所示。

注： ① 楼地面装修是指敷设在板、阳台板、飘窗底板等构件上面的装修。

② 可以作为组合构件的一个组成部分，也可以单独使用。

(7) 在"构件类型"中选择"墙裙"项，单击"新建"图标按钮，如图 5-57 所示。

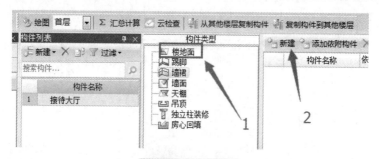

图 5-55　新建地面

图 5-56　属性编辑

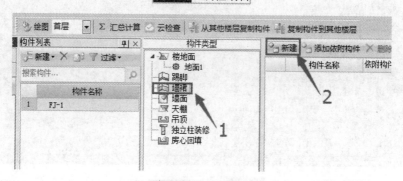

图 5-57　新建墙裙

(8) 墙裙新建完成后，在下方的"属性编辑框"中编辑属性，如图 5-58 所示。

(9) 在"构件类型"中选择"墙面"项，单击"新建"图标按钮，如图 5-59 所示。

(10) 内墙面新建完成后，在下方的"属性编辑框"中编辑属性，如图 5-60 所示。

图 5-58　属性编辑

图 5-59　新建内墙面

图 5-60　属性编辑

💡 **注：** ① 软件中墙面装修是指敷贴在墙、栏板等构件上的装修。

② 墙面装修如果敷贴在虚墙上时，不会计算工程量。

③ 墙面起点、终点顶底标高默认为"墙顶底标高"，如果墙面构件绘制在栏板上，则取栏板的顶底标高值。

(11) 在"构件类型"中选择"吊顶"项，单击"新建"图标按钮，如图5-61所示。

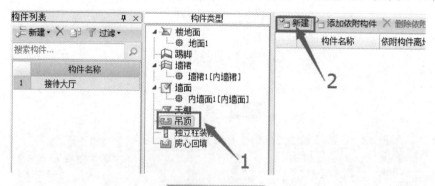

图 5-61 新建吊顶

(12) 吊顶新建完成后，在下方的"属性编辑框"中编辑属性，如图5-62所示。

图 5-62 属性编辑

💡 **注：** ① 吊顶用于处理在楼板中埋好金属杆、龙骨或其他挂件，然后将各种板材吊挂在其上的一种装修。

② 可以作为组合构件的一个组成部分，也可以单独使用。

(13) 接待大厅编辑完成后，按照"接待大厅"的编辑方法依次编辑"楼梯间""走廊""会议室、办公室、餐厅""厨房""卫生间"。编辑完成后，单击"绘图"图标按钮，进入绘图输入界面，如图5-63所示。

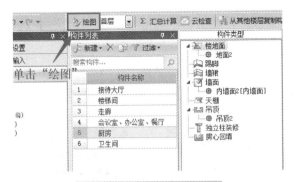

图 5-63　切换绘图输入界面

(14) 单击"点"图标按钮作为绘图方式，如图 5-64 所示。

图 5-64　选择绘图方式

(15) 根据首层平面图布置房间，单击鼠标左键指定插入点，插入图元。布置完成后，单击鼠标右键结束，如图 5-65 所示。

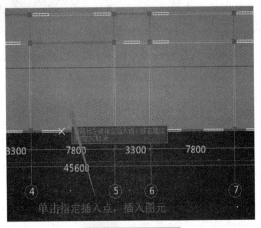

图 5-65　图元绘制

(16) 接待大厅布置完成后，在工具栏单击"接待大厅"，把构件更改为"楼梯间"，继续绘制图元，直至画完为止，如图5-66所示。

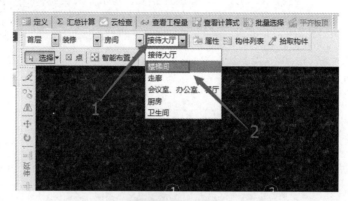

图 5-66　更换构件

(17) 图元绘制完成，如图5-67所示。

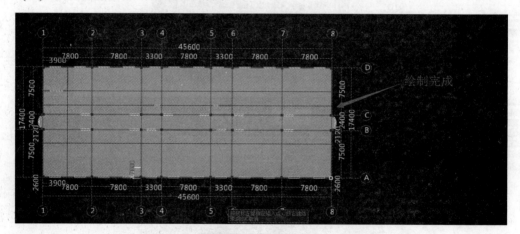

图 5-67　图元绘制完成

5.3.2 ⫿二、三、四、五层的绘制

(1) 二层、三层、五层的绘制方法与首层相同，由于四层构件与三层相同，可以选择图元复制的方法，把三层的图元复制到四层。接下来详细介绍一下。

(2) 在工具栏中找到楼层切换的选项，把楼层切换到"第3层"，然后单击"定义"图标按钮，进入构件定义界面，如图5-68所示。

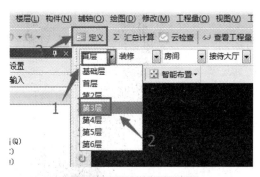

图 5-68　切换楼层并定义

(3) 根据室内装修做法表的信息，参照首层构件的定义方法定义房间。设置完成后单击"绘图"图标按钮，进入绘图输入界面，如图 5-69 所示。

图 5-69　进入绘图输入界面

(4) 图元的绘制方法与首层相同，这里就不再重复描述。

(5) 图元绘制完成后框选全部图元，如图 5-70 所示。

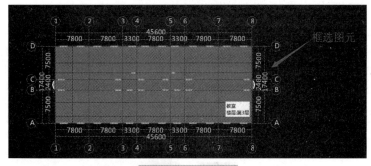

图 5-70　框选图元

(6) 在菜单栏中单击"楼层"菜单项，在弹出的下拉菜单中选择"复制选定图元到其他楼层"命令，如图 5-71 所示。

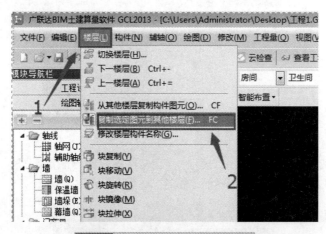

图 5-71　复制选定图元到其他楼层

(7) 在弹出的对话框中选择需要复制到的楼层，单击"确定"按钮，如图 5-72 所示。

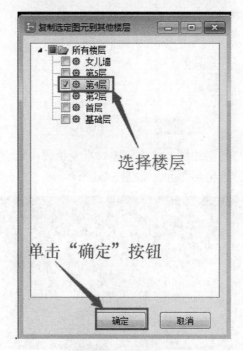

图 5-72　选择楼层

(8) 在弹出的"同位置图元/同名构件处理方式"对话框中进行设置，完成后单击"确定"按钮，具体设置如图 5-73 所示。

(9) 图元复制完成后，在弹出的"提示"框中单击"确定"按钮，绘制完成，如图 5-74 所示。

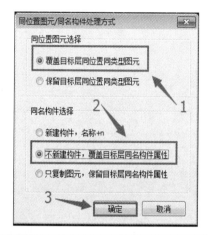

图 5-73 同位置图元/同名构件处理方式

图 5-74 复制成功

5.4 一步一个脚印画基础

5.4.1 垫层的绘制

垫层指的是设于基层以下的结构层。其主要作用是隔水、排水、防冻以改善基层和土基的工作条件。垫层为介于基层与土基之间的结构层，在土基水稳状况不良时，用以改善土基的水稳状况，提高路面结构的水稳性和抗冻胀能力，并可扩散荷载，以减少土基变形。因此，通常在土基湿、温状况不良时设置。垫层材料的强度要求不一定高，但是其水稳定性必须要好。

垫层构件可以分为点式矩形垫层、线式矩形垫层、面式垫层、集水坑柱墩后浇带垫层、点式异形垫层和线式异形垫层 6 种类型。

(1) 在"模块导航栏"中单击"垫层"项，切换到构件定义界面，如图 5-75 所示。

垫层.mp3

图 5-75　切换到构件定义界面

(2) 把楼层改为"基础层"，单击"构件列表"下面的"新建"图标按钮，在弹出的下拉菜单中选择"新建面式垫层"命令，如图 5-76 所示。

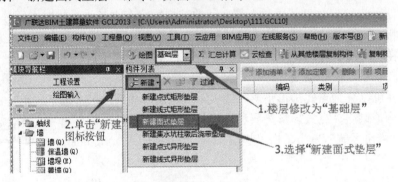

图 5-76　新建构件

(3) 新建完成后，在下方的"属性编辑框"中依据图纸信息，对构件进行编辑(新建线式矩形垫层时，垫层宽度可以为空，按条基或梁中心线智能布置时，绘制到条基或基础梁上的垫层，宽度直接取条基或基础梁宽度，并可以设置出边宽度)，如图 5-77 所示。

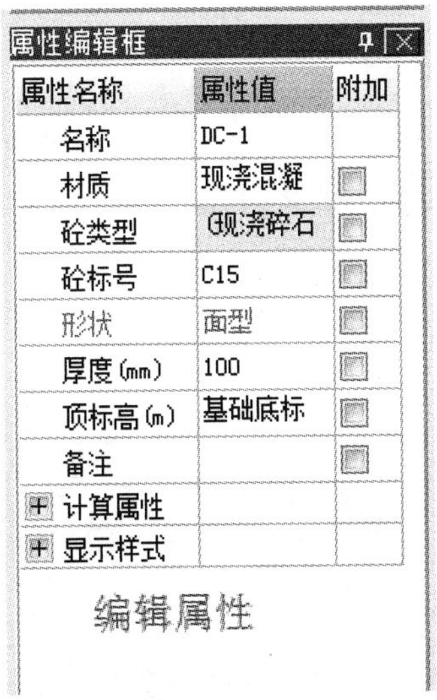

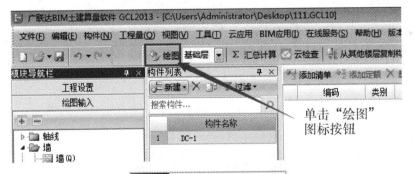

图 5-77　属性编辑

(4) 构件编辑完成后，单击"绘图"图标按钮，进入绘图输入界面，如图 5-78 所示。

图 5-78　切换到绘图输入界面

(5) 在工具栏中单击"智能布置"图标按钮，在弹出的下拉菜单中选择"筏板"命令，如图 5-79 所示。

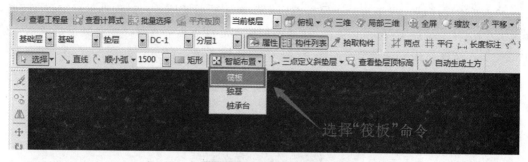

图 5-79　选择绘图方式

(6) 单击选中筏板基础，选中图元后，单击右键确认选择，如图 5-80 所示。

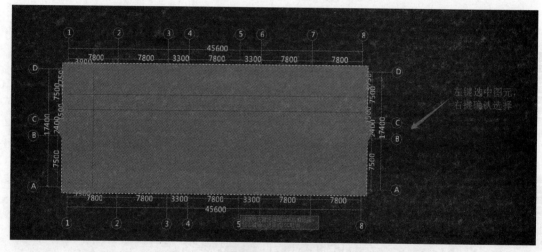

图 5-80　图元绘制

(7) 在弹出的"请输入出边距离"对话框中，根据图纸信息输入数据。数据输入好后，单击"确定"按钮，如图 5-81 所示。

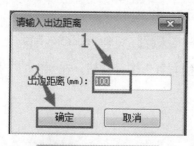

图 5-81　输入出边距离

(8) 垫层绘制完成，如图 5-82 所示。

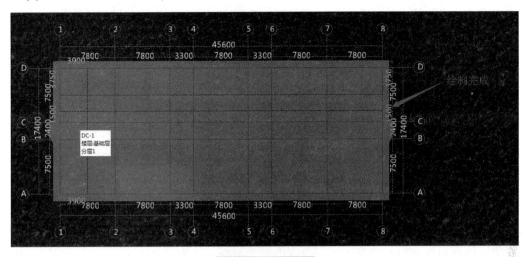

图 5-82　绘制完成

5.4.2 大开挖土方

(1) 在"模块导航栏"中单击"大开挖土方"项，切换到构件定义界面，如图 5-83 所示。

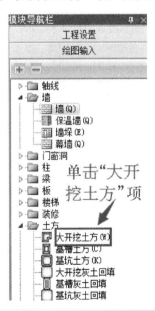

图 5-83　切换到构件定义界面

(2) 把楼层改为"基础层"，单击"构件列表"下面的"新建"图标按钮，在弹出的下拉菜单中选择"新建大开挖土方"命令，如图 5-84 所示。

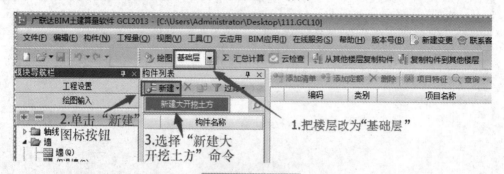

图 5-84 新建构件

(3) 在下方进入"属性编辑框"，根据图纸信息进行构件编辑(工作面：在挖土时按基础和垫层的双向尺寸向周边放出一定范围的操作面积，作为工人施工时的操作空间，这个单边放出宽度就称为基础施工所需增加的工作面)，如图 5-85 所示。

属性名称	属性值	附加
名称	DKW-1	
深度(mm)	(1050)	☐
工作面宽(	300	☐
放坡系数	0	☐
顶标高(m)	底标高加	☐
底标高(m)	层底标高	☐
土壤类别	一二类土	☑
挖土方式		☐
备注		☐
⊞ 计算属性		
⊞ 显示样式		

根据图纸信息修改属性

图 5-85 属性编辑

(4) 构件编辑好后，单击"绘图"图标按钮，切换到绘图输入界面，如图 5-86 所示。

(5) 在工具栏中单击"智能布置"图标按钮，在弹出的下拉菜单中选择"筏板基础"命令，开始绘图，如图 5-87 所示。

(6) 单击选择筏板基础，选中图元后，单击右键确认选择，如图 5-88 所示。

图 5-86　切换绘图输入界面

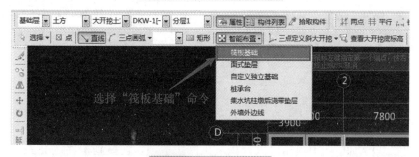

图 5-87　选择绘图方式

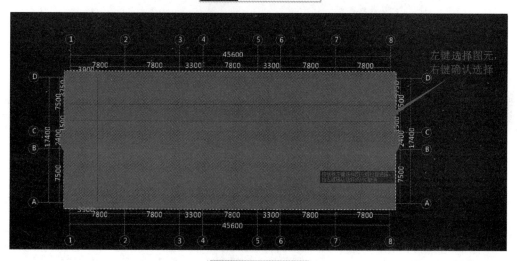

图 5-88　绘制图元

(7) 大开挖灰土回填绘制完成，如图 5-89 所示。

注：　工程中基础局部加深处的土方可以通用调整土方属性中的顶标高快速调整加深
　　　处土方的位置。

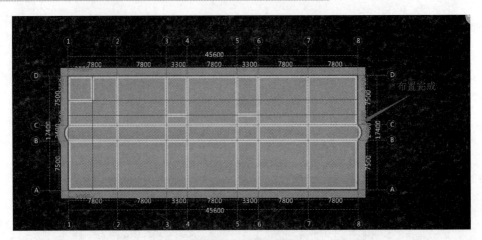

图 5-89 绘制完成

5.4.3 大开挖灰土回填

(1) 在"模块导航栏"中单击"大开挖灰土回填"项，切换到构件定义界面，如图 5-90 所示。

图 5-90 切换到构件定义界面

（2）把楼层改为"基础层"，单击"构件列表"下面的"新建"图标按钮，在弹出的下拉菜单中选择"新建大开挖灰土回填"命令，如图 5-91 所示。

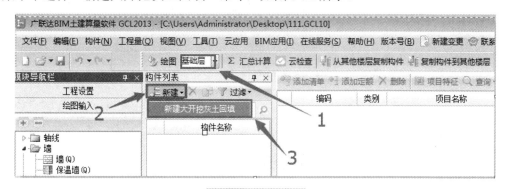

图 5-91　新建构件

（3）右键单击新建的构件"DKWHT-1"，在弹出的快捷菜单中选择"新建"→"新建大开挖灰土回填单元"命令，如图 5-92 所示。

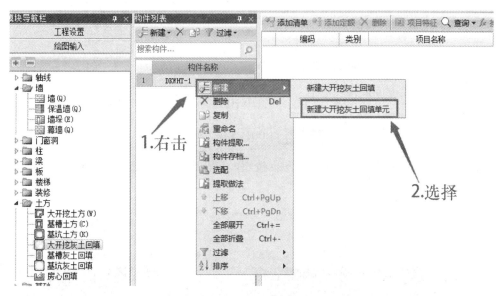

图 5-92　新建大开挖灰土回填单元

（4）新建完成后，在下方的"属性编辑框"内进行属性编辑，如图 5-93 所示。

图 5-93　属性编辑

（5）属性编辑完成后，在工具栏中单击"绘图"图标按钮，切换到绘图输入界面，如图 5-94 所示。

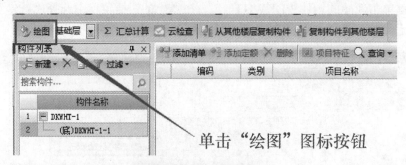

单击"绘图"图标按钮

图 5-94　切换绘图输入界面

（6）在工具栏中单击"智能布置"图标按钮，在弹出的下拉菜单中选择"筏板基础"命令，开始绘图，如图 5-95 所示。

选择"筏板基础"命令

图 5-95　选择绘图方式

(7) 单击选中筏板基础，选中图元后，单击右键确认选择，如图 5-96 所示。

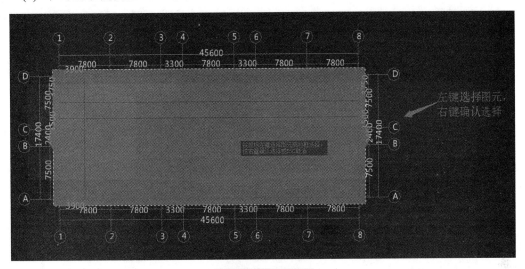

图 5-96　绘制图元

(8) 大开挖灰土回填绘制完成，如图 5-97 所示。

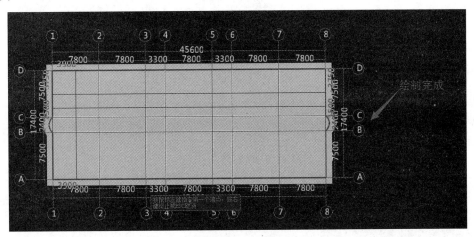

图 5-97　绘制完成

5.4.4 ‖房心回填

房心回填土通常是指室外地坪以上至室内地面垫层之间的回填土，也称为室内回填土。有地下室的情况下，房心回填是指筏板顶标高至建筑地面灰土垫层底部的高度。通常情况下，房心回填是指基础以内各个房间内的土方回填，由于基础阻挡并形成小方格的土方回填机械不能展开，人工消耗量大，和一般的土方回填施工工艺不同，较复杂因而成本高，需单独做清单。

(1) 在"模块导航栏"中单击"房心回填"项，切换到构件定义界面，如图 5-98 所示。

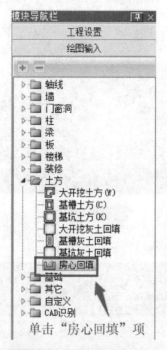

图 5-98　切换到构件定义界面

(2) 把楼层改为"基础层"，单击"构件列表"下面的"新建"图标按钮，在弹出的下拉菜单中选择"新建房心回填"命令，如图 5-99 所示。

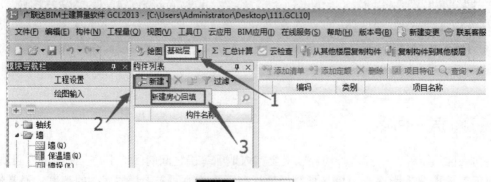

图 5-99　新建构件

（3）新建完成后，在下方的"属性编辑框"中依据图纸信息对构件进行编辑，如图 5-100 所示。

图 5-100　属性编辑

（4）构件编辑好后，单击"绘图"图标按钮，切换到绘图输入界面，如图 5-101 所示。

图 5-101　切换到绘图输入界面

（5）在工具栏中选择"点"作为绘图方式，如图 5-102 所示。

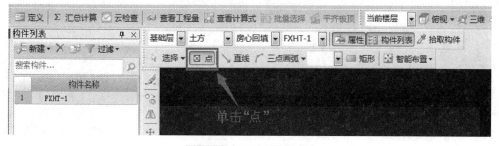

图 5-102　选择绘图方式

（6）选择图元围成的封闭区域进行绘制，如图 5-103 所示。

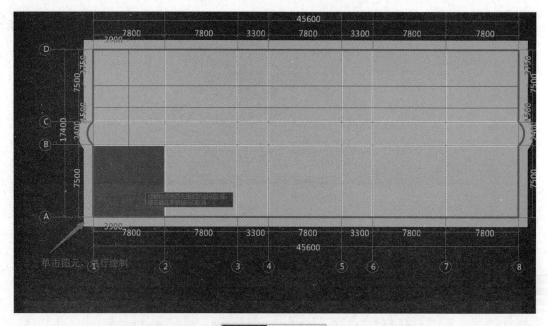

图 5-103　图元绘制

(7) 依次单击封闭区域，直至绘制完成，如图 5-104 所示。

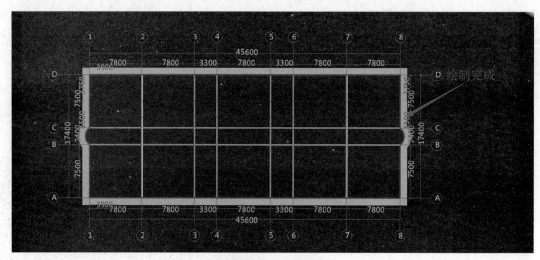

图 5-104　绘制完成

5.5　其他都不是问题

5.5.1　散水

　　房屋等建筑物周围用砖石或混凝土铺成的保护层，宽度多在 1m 上下。设置散水的目的是为了使建筑物外墙勒脚附近的地面积水能够迅速排走，并且防止屋檐的滴水冲刷外墙四周地面的土壤，减少墙身与基础受水浸泡的可能，保护墙身和基础，可以延长建筑物的寿命。

　　(1) 在"模块导航栏"中单击"散水"项，切换到构件定义界面，如图 5-105 所示。

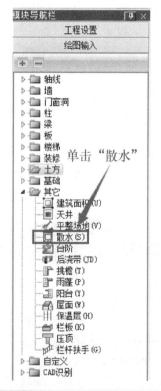

图 5-105　切换到构件定义界面

　　(2) 把楼层改为"首层"，单击"构件列表"下面的"新建"图标按钮，在弹出的下拉菜单中选择"新建散水"命令，如图 5-106 所示。

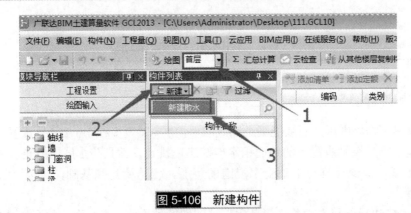

图 5-106　新建构件

(3) 新建完成后，在下方的"属性编辑框"中依据图纸信息，对构件进行编辑，如图 5-107 所示。

属性编辑

图 5-107　属性编辑

(4) 构件编辑完成后，单击"绘图"图标按钮，进入绘图输入界面，如图 5-108 所示。

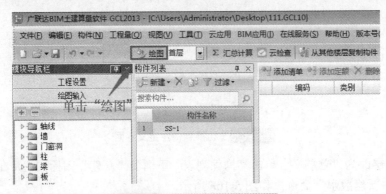

图 5-108　切换到绘图输入界面

（5）在工具栏中单击"智能布置"图标按钮，在弹出的下拉菜单中选择"外墙外边线"命令，如图 5-109 所示。

图 5-109　选择绘图方式

（6）在弹出的对话框中根据图纸信息输入散水宽度，单击"确定"按钮，如图 5-110 所示。

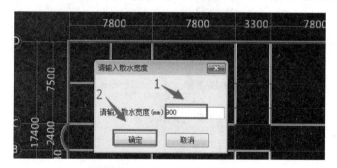

图 5-110　输入散水宽度并确定

（7）散水绘制完成，如图 5-111 所示。

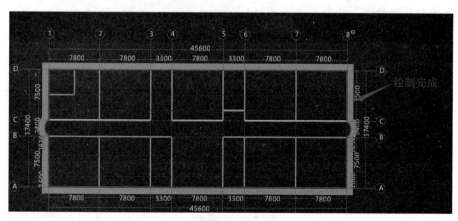

图 5-111　绘制完成

5.5.2 台阶

室外台阶由平台和踏步组成，平台面应比门洞口每边宽出 500mm 左右，并比室内地坪低 20~50mm，向外做出约 1%的排水坡度。台阶踏步所形成的坡度应比楼梯平缓，一般踏步的宽度不小于 300mm，高度不大于 150mm。当室内外高差超过 1000mm 时，应在台阶临空一侧设置围护栏杆或栏板。

(1) 在"模块导航栏"单击"台阶"项，切换到构件定义界面，如图 5-112 所示。

台阶的绘制.mp4

图 5-112 切换到构件定义界面

(2) 把楼层改为"首层"，单击"构件列表"下面的"新建"图标按钮，在弹出的下拉菜单中选择"新建台阶"命令，如图 5-113 所示。

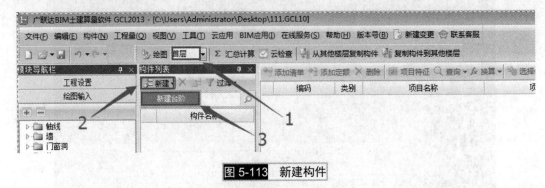

图 5-113 新建构件

(3) 新建完成后，在下方的"属性编辑框"中依据图纸信息，对构件进行编辑，如图 5-114 所示。

属性编辑

图 5-114　属性编辑

(4) 构件编辑好后，单击"绘图"图标按钮，切换到绘图输入界面，如图 5-115 所示。

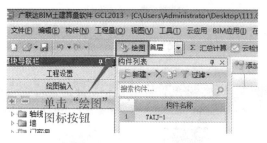

单击"绘图"图标按钮

图 5-115　切换到绘图输入界面

(5) 在工具栏中单击"矩形"图标按钮，如图 5-116 所示。

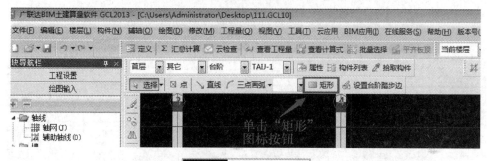

单击"矩形"图标按钮

图 5-116　选择绘图方式

(6) 单击指定对角点，绘制图元，右键单击确定，如图 5-117 所示。

(7) 在工具栏中单击"设置台阶踏步边数"图标按钮，如图 5-118 所示。

(8) 单击拾取踏步边数，右键单击确认，如图 5-119 所示。

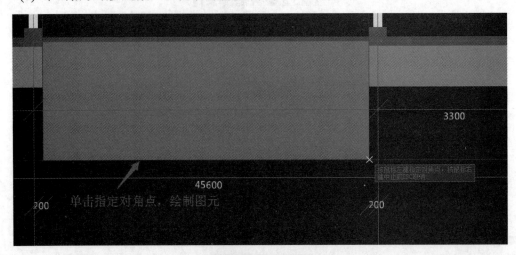

图 5-117 绘制图元

图 5-118 设置台阶踏步边数

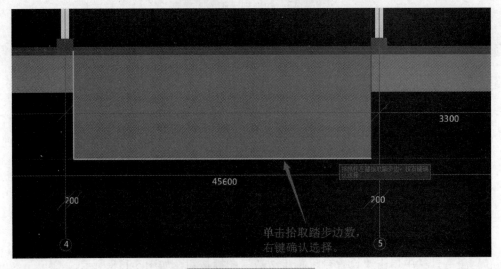

图 5-119 拾取踏步边数

(9) 在弹出的对话框中，根据图纸信息输入踏步宽度，单击"确定"按钮，完成输入，如图 5-120 所示。

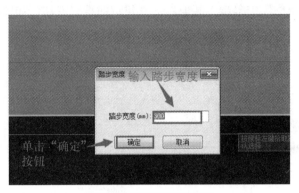

图 5-120　输入踏步宽度

5.5.3　建筑面积

建筑面积，是地产名词，与使用面积及使用率计算有直接关系。因国家地区不同，其定义和量度标准未必一致。建筑面积一般大于使用面积。建筑面积是建设工程领域一个重要的技术经济指标，也是国家宏观调控的重要指标之一。建筑面积是指建筑物外墙勒脚以上的结构外围水平面积，是以 m^2 反映房屋建筑建设规模的实物量指标。

建筑面积也称建筑展开面积，它是指住宅建筑外墙勒脚以上外围水平面测定的各层平面面积。它是表示一个建筑物建筑规模大小的经济指标。每层建筑面积按建筑物勒脚以上外墙围水平截面计算。它包括 3 项，即使用面积、辅助面积和结构面积。在中国内地，与建筑面积有关的法规有《商品房销售面积计算及公用建筑面积分摊规则》及现行的《建筑面积计算规则》。

1. 计算建筑面积的方法

(1) 单层建筑物不论其高度如何，均按一层计算，其建筑面积按建筑物外墙勒脚以上的外围水平面积计算。单层住宅如内部带有部分楼层(如阁楼)也应计算建筑面积。

(2) 多层或高层住宅建筑的建筑面积，是按各层建筑面积的总和计算，其底层按建筑物外墙勒脚以上外围水平面积计算，二层或二层以上按外墙外围水平面积计算。

(3) 地下室、半地下室等及相应出入口的建筑面积，按其上口外墙(不包括采光井、防潮层及其保护墙)外围的水平面积计算。

建筑面积.mp3

2. 在广联达土建算量软件中绘制建筑面积

(1) 在"模块导航栏"中单击"其他"→"建筑面积"选项，如图 5-121 所示。

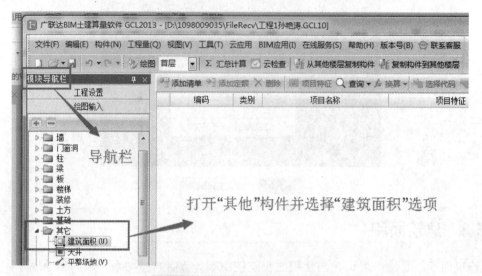

图 5-121　单击"建筑面积"选项

(2) 双击"建筑面积"打开新建界面，单击"新建"图标按钮，新建一个"建筑面积"，如图 5-122 所示。

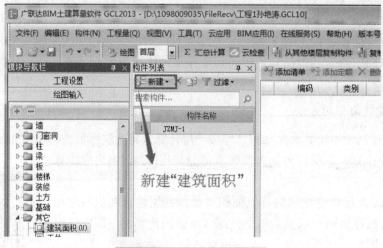

图 5-122　新建"建筑面积"

(3) 绘制建筑面积图元，如图 5-123 所示。

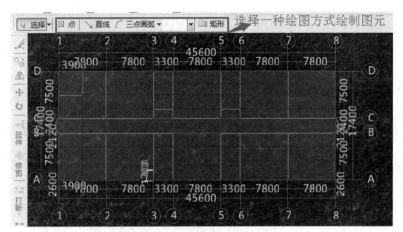

图 5-123　绘制"建筑面积"图元

5.6　横看成岭侧成峰——三维图的查看

(1) 基础层三维图展示，如图 5-124 所示。

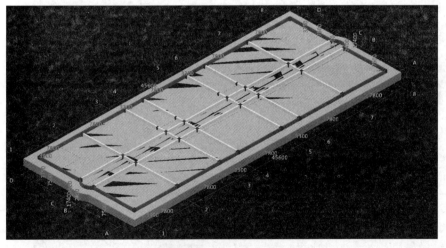

图 5-124　基础层三维图

三维视图.mp4

(2) 首层三维图展示，如图 5-125 所示。

图 5-125　首层三维图

(3) 二层到五层三维图展示，如图 5-126 所示。

图 5-126　二层到五层三维图

(4) 女儿墙三维图展示,如图 5-127 所示。

图 5-127　女儿墙三维图

(5) 墙体三维图展示,如图 5-128 所示。

图 5-128　墙体三维图

(6) 柱、梁、板三维图展示，如图 5-129 所示。

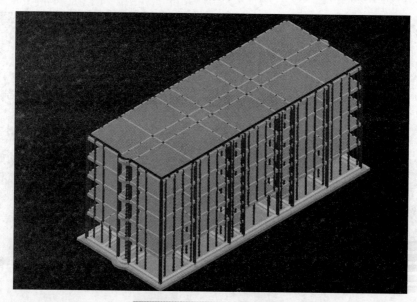

图 5-129　柱、梁、板三维图

(7) 整体三维图展示，如图 5-130 所示。

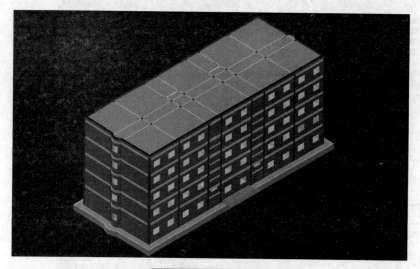

图 5-130　整体三维图

土建施工工艺

参考图片.pptx

第6章 工程量数据多？不怕，看姐妹好帮手

6.1 钢筋算量大"表"姐

6.1.1 工程量报表预览

钢筋算量软件提供了 3 种报表，即定额指标、明细表和汇总表，如图 6-1 所示。

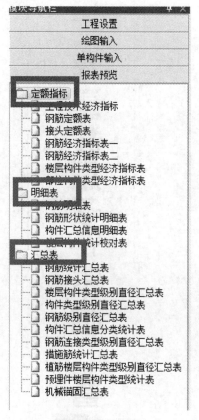

图 6-1 报表预览

工程经济技术指标.mp3

6.1.2 定额指标

定额指标报表的组成内容如下。

(1) 工程技术经济指标。

(2) 钢筋定额表。

(3) 接头定额表。

(4) 钢筋经济指标表一。

(5) 钢筋经济指标表二。

(6) 楼层构件类型经济指标表。

(7) 部位构件类型经济指标表。

图 6-2　定额指标预览

定额指标报表中包含 7 张报表，都是和经济指标有关的报表，这 7 张报表的示例如图 6-2 所示。

(8) 工程技术经济指标用于分析工程总体的钢筋含量指标。利用这个报表可以对整个工程的总体钢筋量进行大概的分析，根据单方分析钢筋计算的正确性。

经济指标是一个可以参考的经验加实践的标准，做一个工程，前人在理论与实际的基础上总结了很多经验，虽然各个工程不同，但形式大概一样，它们的经济指标就应该差不多，如果相差太远就要再检查检查了。经济指标除了可以作为比对参考外，还可以作为甲方控制工程造价的一个参考，如图 6-3 所示。

工程技术经济指标

设计单位：xxx设计单位

编制单位：xxx编制单位

建设单位：xxx建设单位

项目名称：某五层办公楼工程

项目代号：xxxx

工程类别：办公楼	结构类型：框架结构	基础形式：满堂基础
结构特征：矩形	地上层数：5	地下层数：
抗震等级：二级抗震	设防烈度：8	檐高(m)：35
建筑面积(m²)：4059.99	实体钢筋总重(未含措施/损耗/贴焊锚筋)(T)：146.923	单方钢筋含量(kg/m²)：36.188
损耗重(T)：0	措施筋总重(T)：11.164	贴焊锚筋总重(T)：0

编制人：xxx　　　　　审核人：xxx

编制日期：2017-06-18

图 6-3　工程技术经济指标

图 6-3 中显示工程的结构形式、基础形式、抗震等级、建筑面积、设防烈度、檐高、实体钢筋总量、单方钢筋含量等信息。

1. 钢筋定额表

钢筋定额表用于显示钢筋的定额子目和量，按照定额的子目设置对钢筋量进行了分类汇总。有了这个表，就能直接把钢筋子目输入预算软件，和图形算量的量合并在一起，构成整个工程的完整预算，钢筋定额表的示例图如图 6-4 所示。

钢筋定额表(包含措施筋和损耗)

工程名称：某五层办公楼　　　　　　　　　编制日期：2017-06-18　　　　　　　　　单位：t

定额号	定额项目	单位	钢筋量
5-294	现浇构件圆钢筋直径为6.5	t	
5-295	现浇构件圆钢筋直径为8	t	
5-296	现浇构件圆钢筋直径为10	t	
5-297	现浇构件圆钢筋直径为12	t	
5-298	现浇构件圆钢筋直径为14	t	
5-299	现浇构件圆钢筋直径为16	t	
5-300	现浇构件圆钢筋直径为18	t	
5-301	现浇构件圆钢筋直径为20	t	
5-302	现浇构件圆钢筋直径为22	t	
5-303	现浇构件圆钢筋直径为25	t	
5-304	现浇构件圆钢筋直径为28	t	
5-305	现浇构件圆钢筋直径为30	t	
5-306	现浇构件圆钢筋直径为32	t	
5-307	现浇构件螺纹钢直径为10	t	0.105
5-308	现浇构件螺纹钢直径为12	t	20.038
5-309	现浇构件螺纹钢直径为14	t	5.495
5-310	现浇构件螺纹钢直径为16	t	1.15
5-311	现浇构件螺纹钢直径为18	t	0.063
5-312	现浇构件螺纹钢直径为20	t	10.905
5-313	现浇构件螺纹钢直径为22	t	40.154
5-314	现浇构件螺纹钢直径为25	t	14.169
5-315	现浇构件螺纹钢直径为28	t	1.799

图 6-4　钢筋定额表示例

表中显示了定额子目的编号、名称、钢筋量，由于各地的定额子目设置是不同的，因此需要在工程设置中选择所在地区的报表类别，如图 6-5 所示。

2. 接头定额表

接头定额表用于显示钢筋接头的定额子目和量，按照定额子目设置对钢筋接头量进行了分类汇总。把这个表中的内容直接输入预算软件就得到接头的造价，接头定额表示例如图 6-6 所示。

表中显示了定额子目的编号、名称、单位、数量。由于各地的定额子目设置是不同的，因此需要在工程设置中选择所在地区的报表类别。

图 6-5　报表类别

接头定额表

工程名称：某五层办公楼　　　　　　　　　　　　　　　　**编制日期：2017-06-18**

定额号	定额项目	单位	数量
5-383	电渣压力焊接	个	1280
新补5-5	套管冷压连接直径 22 mm	个	
新补5-6	套管冷压连接直径 25 mm	个	448
新补5-7	套管冷压连接直径 28 mm	个	32
新补5-8	套管冷压连接直径 32 mm 以外	个	
新补5-9	套筒锥型螺栓钢筋接头直径 20mm 以内	个	
新补5-10	套筒锥型螺栓钢筋接头直径 22mm	个	
新补5-11	套筒锥型螺栓钢筋接头直径 25mm	个	
新补5-12	套筒锥型螺栓钢筋接头直径 28mm	个	
新补5-13	套筒锥型螺栓钢筋接头直径 32mm 以外	个	

图 6-6　接头定额表示例

3. 钢筋经济指标表一

钢筋经济指标表一按照楼层划分对钢筋分直径范围、分钢筋类型(直筋、箍筋)进行汇总分析。这属于一个较细的分析，当利用工程技术经济指标表分析钢筋量后，如果怀疑钢筋量有问题或者想更细致地了解钢筋在各楼层的分布情况，可以通过这个表查看一下，分层查看钢筋量，找出问题出在哪个楼层、哪个直径范围，钢筋经济指标表一示例如图 6-7 所示。

表中按楼层分类，同时按钢筋级别、类型、直径范围进行二次分类，最后有各层的汇总。

4. 钢筋经济指标表二

与钢筋经济指标表一相似，钢筋经济指标表二也是对钢筋进行分类汇总的，不同的是它不是按照楼层而是按构件来划分类别的，同样它也分直径范围、钢筋类型(直筋、箍筋)进行汇总。它的作用和钢筋经济指标表一也是类似的，但由于分类方法的差异，从而使得它在钢筋量分析的角度上和钢筋经济指标表一也是不同的，钢筋经济指标表二如图 6-8 所示。

钢筋经济指标表一(包含措施筋)

工程名称：某五层办公楼　　　　编制日期：2017-06-18　　　　　单位：t

级别	钢筋类型	<=10	>10
楼层名称：基础层			钢筋总重：38.732
Φ	箍筋	0.263	
Φ	直筋		13.458
	箍筋	6.466	
Φ	直筋		13.804
	马凳筋		4.742
楼层名称：首层			钢筋总重：23.596
Φ	箍筋	0.108	
Φ	直筋		10.905
	箍筋	4.095	
	梁垫铁		0.037
Φ	直筋	7.078	
	马凳筋		1.372
楼层名称：第2层			钢筋总重：22.606

图 6-7　钢筋经济指标表一示例

钢筋经济指标表二(包含措施筋)

工程名称：某五层办公楼　　　　编制日期：2017-06-18　　　　　单位：t

级别	钢筋类型	<=10	>10
构件类型：柱			钢筋总重：25.416
Φ	直筋		18.726
	箍筋	6.69	
构件类型：梁			钢筋总重：53.422
Φ	箍筋	0.542	
Φ	直筋		39.099
	箍筋	13.594	
	梁垫铁		0.188
构件类型：现浇板			钢筋总重：39.652
Φ	直筋	0.365	
Φ	直筋	33.053	
	马凳筋		6.234
构件类型：基础梁			钢筋总重：17.647
Φ	箍筋	0.263	
Φ	直筋		10.98
	箍筋	6.404	
构件类型：筏板基础			钢筋总重：18.546
Φ	直筋		13.804
	马凳筋		4.742
构件类型：楼梯			钢筋总重：0.136
Φ	直筋	0.136	
合计			钢筋总重：154.819
Φ	直筋	0.365	
	箍筋	0.805	
Φ	直筋		68.805
	箍筋	26.687	
	梁垫铁		0.188
Φ	直筋	33.189	13.804
	马凳筋		10.976

图 6-8　钢筋经济指标表二示例

表中按构件分类，同时按钢筋级别、类型、直径范围进行二次分类，最后有各构件的汇总。

5. 楼层类型经济指标表

楼层构件类型经济指标表用于查看钢筋的分层量，分析钢筋单方含量，包括总的单方含量和每层的单方含量。很显然，主要作用是分层进行单方含量分析。这个表和部位构件类型经济指标表都是新增的报表，楼层构件类型经济指标表示例如图6-9所示。

表中按楼层分类，统计钢筋的总量，显示各层的单方含量和总量，最后汇总。

楼层构件类型经济指标表（包含措施筋）

工程名称：某五层办公楼　　　　　　　　　　　　　　　　　　　编制日期：2017-06-18

楼层名称	建筑面积（m2）	构件类型	钢筋总重（t）	单方含量（kg/m2）
基础层		柱	2.54	
		基础梁	17.647	
		筏板基础	18.546	
		小计	38.732	
首层		柱	5.257	
		梁	9.888	
		现浇板	8.315	
		楼梯	0.136	
		小计	23.596	
第2层		柱	4.403	
		梁	9.888	
		现浇板	8.315	
		小计	22.606	
第3层		柱	4.403	
		梁	9.888	
		现浇板	8.315	
		小计	22.606	
第4层		柱	4.404	
		梁	9.888	
		现浇板	8.315	
		小计	22.607	
第5层		柱	4.123	
		梁	13.869	
		现浇板	6.393	
		小计	24.385	
屋面层		柱	0.285	
		小计	0.285	
总计		--	154.817	

图 6-9　楼层构件类型经济指标表示例

6. 部位构件类型经济指标表

与楼层构件类型经济指标表不同的是，部位构件类型经济指标表是按照地上地下来划分类别查看钢筋、分析钢筋单方含量的，部位构件类型经济指标表示例如图6-10所示。

部位构件类型经济指标表（包含措施筋）

工程名称：某五层办公楼　　　　　　　　　　　　　　　　　　　编制日期：2017-06-18

部位名称	建筑面积（m2）	构件类型	钢筋总重（t）	单方含量(kg/m2)
地下		柱	2.54	
		基础梁	17.647	
		筏板基础	18.546	
		小计	38.733	
地上		柱	22.876	
		梁	53.422	
		现浇板	39.652	
		楼梯	0.136	
		小计	116.086	
总计		—	154.819	

图 6-10　部位构件类型经济指标表示例

表中按地上、地下分类，统计钢筋的总量，显示各层的单方含量和总量，最后汇总。

6.1.3　明细表

明细表的组成内容如下。

(1) 钢筋明细表。

(2) 钢筋形状统计明细表。

(3) 构件汇总信息明细表。

(4) 楼层构件统计校对表。

明细表中包含 4 张报表，具体如图 6-11 所示。

1. 钢筋明细表

钢筋明细表用于查看构件钢筋的明细，在这里可以看到当前工程中所有构件的每一根钢筋的信息，钢筋明细表示例如图 6-12 所示。

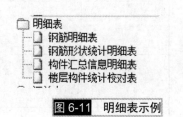

图 6-11　明细表示例

这个表中显示钢筋的筋号、级别、直径、形状、算式、根数、长度、总长度、单重、总重等信息。

2. 钢筋形状统计明细表

钢筋形状统计明细表用于统计当前工程中各种形状的钢筋数量、长度、重量。这个报表能够辅助施工下料，帮助统计工程中相同形状的钢筋。钢筋形状统计明细表示例如图 6-13 所示。

钢筋明细表

工程名称：某五层办公楼　　　　　　　　　　　　　　　编制日期：2017-06-18

楼层名称：基础层（绘图输入）　　　　　　　　　　　　钢筋总重：38732.334Kg

筋号	级别	直径	钢筋图形	计算公式	根数	总根数	单长m	总长m	总重kg
构件名称：KZ-1-1[621]				构件数量：14		本构件钢筋重：66.586Kg			
构件位置：〈3,D〉;〈1+100,C〉;〈1+100,B〉;〈3,B〉;〈6,B〉;〈3,C〉;〈6,C〉;〈8-100,B〉;〈8-100,C〉;〈6,D〉;〈4,A〉;〈3,A〉;〈5,A〉;〈6,A〉									
全部纵筋插筋.1	Φ	22	150 ⌐ 2947	4400/3+1*max(35*d,500)+750-40+max(6*d,150)	4	56	3.097	173.432	516.827
全部纵筋插筋.2	Φ	22	150 ⌐ 2177	4400/3+750-40+max(6*d,150)	4	56	2.327	130.312	388.33
箍筋.1	Φ	8	360 □ 360	2*((400-2*20)+(400-2*20))+2*(11.9*d)	3	42	1.63	68.46	27.042
构件名称：KZ-1-1[622]				构件数量：6		本构件钢筋重：66.18Kg			
构件位置：〈4,D〉;〈4,B〉;〈5,B〉;〈4,C〉;〈5,C〉;〈5,D〉									
全部纵筋插筋.1	Φ	22	150 ⌐ 2930	4350/3+1*max(35*d,500)+750-40+max(6*d,150)	4	24	3.08	73.92	220.282
全部纵筋插筋.2	Φ	22	150 ⌐ 2160	4350/3+750-40+max(6*d,150)	4	24	2.31	55.44	165.211
箍筋.1	Φ	8	360 □ 360	2*((400-2*20)+(400-2*20))+2*(11.9*d)	3	18	1.63	29.34	11.589
构件名称：KZ-2-1[633]				构件数量：12		本构件钢筋重：100.867Kg			

图 6-12　钢筋明细表示例

钢筋形状统计明细表

工程名称：某五层办公楼　　　钢筋总重(t)：154.818　　　　编制日期：2017-06-18

筋号	级别	直径	钢筋图形	总根数	单长m	总长m	单重kg	总重kg
1	Φ	6	1200	28	1.2	33.6	0.312	8.736
2	Φ	6	2850	16	2.85	45.6	0.741	11.856
3	Φ	6	5700	42	5.7	239.4	1.482	62.244
4	Φ	6	5775	108	5.775	623.7	1.502	162.162
5	Φ	6	5975	28	5.975	167.3	1.554	43.498
6	Φ	6	7325	16	7.325	117.2	1.905	30.472

图 6-13　钢筋形状统计明细表示例

该表中显示钢筋的级别、直径、形状、根数、单长、总长、单重、总重信息。

3. 构件汇总信息明细表

构件汇总信息明细表用于查看构件钢筋的明细，这个表比钢筋明细表粗一些，它只能显示每个构件中有多少一级钢、多少二级钢，当然这个表的分类也很细致，分楼层、分构件类型、分具体构件、分钢筋级别。因此它的用途非常广泛，通过这个表可以得到每层的总量、每类型构件的总量、每个构件的总量，构件汇总信息明细表示例如图6-14所示。

构件汇总信息明细表(包含措施筋)

工程名称：某五层办公楼　　　　编制日期：2017-06-18　　　　　　　　　　　单位：kg

汇总信息	汇总信息钢筋总重kg	构件名称	构件数量	HPB300	HRB335	HRB400
楼层名称：基础层（绘图输入）				263.117	19923.455	18545.762
筏板基础	4742.084	FB-1[1295]	1			4742.084
		合计				4742.084
筏板主筋	13803.679	FB-1[1295]	1			13803.679
		合计				13803.679
基础梁	17646.883	JZL-1[1779]	2	109.873	5588.623	
		JZL-2[1783]	2	109.873	5219.177	
		JZL-3[1787]	1	21.686	929.303	
		JZL-3[1793]	1	21.686	929.303	
		JZL-4[1796]	6		4717.36	
		合计		263.117	17383.765	
柱	2539.689	KZ-1-1[621]	14		932.199	
		KZ-1-1[622]	6		397.082	
		KZ-2-1[633]	12		1210.408	
		合计			2539.689	
楼层名称：首层（绘图输入）				108.343	15037.291	8314.849
板受力筋	6942.587	LB-1[865]	1			414.75
		LB-2[952]	1			1141.168
		LB-2[954]	1			1128.683
		LB-2[953]	1			570.803
		LB-2[955]	1			1141.168
		LB-2[956]	1			570.803
		LB-2[957]	1			1129.074
		LB-3[958]	1			838.388
		LB-3[960]	1			3.876
		LB-3[959]	1			3.876
		合计				6942.587
梁	9888.175	KL-1[304]	1	22.704	1417.562	
		KL-2[315]	2	45.408	2868.576	
		KL-3[352]	2	17.526	1127.624	

图 6-14　构件汇总信息明细表示例

4. 楼层构件统计校对表

楼层构件统计校对表分楼层统计构件的数量、钢筋量、钢筋总重，这是一个方便钢筋量校对的表，对于某些点状构件，如柱，作用显著，楼层构件统计校对表示例如图6-15所示。

楼层构件统计校对表(包含措施筋)

工程名称：某五层办公楼　　　　　　　　　　　　编制日期：2017-06-18

楼层名称：基础层（绘图输入）

构件类型	构件类型钢筋总重kg	构件名称	构件数量	单个构件钢筋重量kg	构件钢筋总重kg	接头
柱	2539.689	KZ-1-1[621]	14	66.586	932.199	
		KZ-1-1[622]	6	66.18	397.082	
		KZ-2-1[633]	12	100.867	1210.408	
基础梁	17646.883	JZL-1[1779]	2	2849.248	5698.496	96
		JZL-2[1783]	2	2664.525	5329.05	96
		JZL-3[1787]	1	950.988	950.988	2
		JZL-3[1793]	1	950.988	950.988	2
		JZL-4[1796]	6	786.227	4717.36	48
筏板基础	18545.762	FB-1[1295]	1	4742.084	4742.084	
		FB-1[1295]	1	13803.679	13803.679	

图 6-15　楼层构件统计校对表示例

它分楼层统计构件，显示构件的数量、单个钢筋重量、总重。

6.1.4 汇总表

汇总表的组成内容如下。

(1) 钢筋统计汇总表。

(2) 钢筋接头汇总表。

(3) 楼层构件类型级别直径汇总表。

(4) 构件类型级别直径汇总表。

(5) 钢筋级别直径汇总表。

(6) 构件汇总信息分类统计表。

(7) 钢筋连接类型级别直径汇总表(包含10张报表)。

(8) 措施筋统计汇总表。

(9) 植筋楼层构件类型级别直径汇总表。

(10) 预埋件楼层构件类型统计表。

(11) 机械锚固汇总表。

汇总表的示例如图6-16所示。

图 6-16 汇总表示例

1. 钢筋统计汇总表

钢筋统计汇总表用于按照构件类型查看钢筋的量。通过这个表可以看到当前工程中，所有梁中 φ8、φ10、φ12、…的钢筋各有多少，所有柱中 φ8、φ10、φ12、…的钢筋各有多少，钢筋统计汇总表示例如图6-17所示。

钢筋统计汇总表(包含措施筋)

工程名称：某五层办公楼　　　　　　编制日期：2017-06-18　　　　　　　　　　　　　　单位：t

构件类型	合计	级别	6	8	10	12	14	16	18	20	22	25	28
柱	25.416	Φ		6.69						4.93	9.913	3.884	
梁	0.542	Φ	0.542										
	52.88	Φ		9.702	3.892		5.322		0.063	1.233	26.677	5.992	
现浇板	0.365	Φ	0.365										
	39.287	Φ		33.053		6.234							
基础梁	0.263	Φ		0.263									
	17.384	Φ			6.404		0.173	1.15			3.564	4.294	1.799
筏板基础	18.546	Φ				13.804				4.742			
楼梯	0.136	Φ		0.03	0.106								
合计	1.17	Φ	0.907	0.263									
	95.679	Φ		16.392	10.296		5.495	1.15	0.063	6.163	40.154	14.169	1.799

图 6-17 钢筋统计汇总表示例

2. 钢筋接头汇总表

钢筋接头汇总表按照接头形式分类显示不同规格钢筋的接头数量，分层显示，如图6-18

所示。

3. 楼层构件类型级别直径汇总表

楼层构件类型级别直径汇总表显示了各个楼层各种构件、各种类别直径的钢筋汇总，这个表划分楼层同时有分构件类别，显示的钢筋既有总量又分规格汇总。这张表提供的汇总方法十分丰富，用途广泛，如图6-19所示。

4. 构件类型级别直径汇总表

构件类型级别直径汇总表和楼层构件类型级别直径汇总表相比，减少了楼层汇总，这个表就变得简化多了，它只分构件进行了统计，统计出了不同级别直径的钢筋汇总量。因此，从业务角度来讲，如果想对整个工程的钢筋按直径汇总分析，应该是先看这张表，然后再对照地看楼层构件类型级别直径汇总表，其示例如图6-20所示。

它按构件类型统计构件，显示不同直径不同级别钢筋的汇总。

钢筋接头汇总表

工程名称：某五层办公楼　　　　　编制日期：2017-06-18　　　　　　　　　　　　　　　　单

搭接形式	楼层名称	构件类型	16	20	22	25
电渣压力焊	首层	柱		96	160	
		合计		96	160	
	第2层	柱		96	160	
		合计		96	160	
	第3层	柱		96	160	
		合计		96	160	
	第4层	柱		96	160	
		合计		96	160	
	第5层	柱		96	160	
		合计		96	160	
	整楼	一		480	800	
直螺纹连接	基础层	基础梁	64		32	
		合计	64		32	
	首层	梁			60	
		合计			60	
	第2层	梁			60	
		合计			60	
	第3层	梁			60	
		合计			60	
	第4层	梁			60	
		合计			60	
	第5层	梁			120	
		合计			120	
	整楼	一	64		412	
套管挤压	基础层	基础梁				96
		合计				96
	首层	柱				48
		梁				28
		合计				76
	第2层	柱				48

图 6-18　钢筋接头汇总表示例

楼层构件类型级别直径汇总表(包含措施筋)

工程名称：某五层办公楼　　　　编制日期：2017-06-18　　　　单位：kg

楼层名称	构件类型	钢筋总重kg	HPB300		HRB335									HRB400	
			6	8	8	10	14	16	18	20	22	25	28	8	10
基础层	柱	2539.689			61.81					634.77	1290.65	552.46			
	基础梁	17646.883		263.117		6403.72	173.146	1149.734			3564.259	4293.828	1799.078		
	筏板基础	18545.762													
	合计	38732.334		263.117	61.81	6403.72	173.146	1149.734		634.77	4854.909	4846.288	1799.078		
首层	柱	5257.459			1669.381					946.346	1904.196	737.537			
	梁	9888.175	108.343		2425.472		1064.316				4801.787	1488.256			
	现浇板	8314.849												6942.587	
	楼梯	135.9												30.02	105.88
	合计	23596.383	108.343		4094.853		1064.316			946.346	6705.983	2225.793		6972.607	105.88
	柱	4403.233			1167.841					853.632	1716.48	665.28			

图 6-19　楼层构件类型级别直径汇总表示例

构件类型级别直径汇总表(包含措施筋)

工程名称：某五层办公楼　　　　编制日期：2017-06-18　　　　单位：k

构件类型	钢筋总重(kg)	HPB300		HRB335									HRB400	
		6	8	8	10	14	16	18	20	22	25	28	8	10
柱	25415.697			6689.728					4929.725	9912.672	3883.572			
梁	53421.611	541.715		9701.889	3891.867	5321.58		63.168	1232.886	26676.674	5991.832			
现浇板	39652.115	364.832											33052.933	
基础梁	17646.883		263.117		6403.72	173.146	1149.734			3564.259	4293.828	1799.078		
筏板基础	18545.762													
楼梯	135.9												30.02	105.88
合计	154817.968	906.547	263.117	16391.617	10295.587	5494.726	1149.734	63.168	6162.61	40153.605	14169.232	1799.078	33082.953	105.88

图 6-20　构件类型级别直径汇总表示例

5. 钢筋级别直径汇总表

钢筋级别直径汇总表应该是比较常用的，它实际上就是把当前工程中的钢筋分规格和级别汇总起来。就是当前工程的钢筋分直径的量，它的示例如图 6-21 所示。

钢筋级别直径汇总表(包含措施筋)

工程名称：某五层办公楼　　　　编制日期：2017-06-18　　　　单位：t

级别	合计	6	8	10	12	14	16	18	20	22	25	28
HPB300	1.17	0.907	0.263									
HRB335	95.679		16.392	10.296		5.495	1.15	0.063	6.163	40.154	14.169	1.799
HRB400	57.969		33.083	0.106	20.038				4.742			
合计	154.818	0.907	49.738	10.401	20.038	5.495	1.15	0.063	10.905	40.154	14.169	1.799

图 6-21　钢筋级别直径汇总表示例

6. 构件汇总信息分类统计表

构件汇总信息分类统计表按照汇总信息进行分类统计，并且统计出了不同级别直径的钢筋汇总量。因此，从业务角度来讲，如果想对整个工程的钢筋按直径汇总分析，应该是先看这张表，然后再对照地看楼层构件类型级别直径汇总表，构件汇总信息分类统计表示例如图 6-22 所示。

构件汇总信息分类统计表（包含措施筋）

工程名称：某五层办公楼　　　　　　　　　　编制日期：2017-06-18　　　　　　　　　　单位：t

汇总信息	HPB300			HRB335										HRB400				
	6	8	合计	8	10	14	16	18	20	22	25	28	合计	8	10	12	20	合计
板负筋	0.211		0.211											0.778				0.778
板受力筋	0.154		0.154											32.275				32.275
筏板基础																	4.742	4.742
筏板主筋																13.804		13.804
基础梁		0.263	0.263		6.404	0.173	1.15			3.564	4.294	1.799	17.384					
梁	0.542		0.542	9.702	3.892	5.322		0.063	1.233	26.677	5.992		52.88					
楼梯														0.03	0.106			0.136
现浇板																6.234		6.234
柱				6.69					4.93	9.913	3.884		25.416					
合计	0.907	0.263	1.17	16.392	10.296	5.495	1.15	0.063	6.163	40.154	14.169	1.799	95.679	33.083	0.106	20.038	4.742	57.969

图 6-22　构件汇总信息分类统计表示例

7. 钢筋连接类型级别直径汇总表

钢筋连接类型级别直径汇总表表达的是钢筋接头的重量，分接头类型、级别和直径进行统计。这里提供接头重量是按照某些地区定额的要求制作的，这里的钢筋连接类型级别重量汇总表示例如图 6-23 所示。

钢筋连接类型级别直径汇总表（包含措施筋）

工程名称：某五层办公楼　　　　　　　　　　编制日期：2017-06-18　　　　　　　　　　单位：t

连接类型	合计	HPB300			HRB335											HRB400	
		6	8	合计	8	10	14	16	18	20	22	25	28	合计	8	10	
绑扎	86.578	0.907	0.263	1.17	16.392	10.296	5.495							32.182	33.083	0.106	
电渣压力焊	14.842									4.93	9.913			14.842			
直螺纹连接	37.429							1.15	0.063	1.233	30.241			32.687			
套筒挤压	15.968											14.169	1.799	15.968			
合计	154.818	0.907	0.263	1.17	16.392	10.296	5.495	1.15	0.063	6.163	40.154	14.169	1.799	95.679	33.083	0.106	

图 6-23　钢筋连接类型级别重量汇总表示例

8. 措施筋统计汇总表

措施筋统计汇总表按照楼层统计不同构件类型的措施筋信息，包括级别、直径、钢筋总重，同时汇总全部楼层的总量，措施筋统计汇总表示例如图 6-24 所示。

措施筋统计汇总表

工程名称：某五层办公楼　　　　编制日期：2017-06-18　　　　　　　　　　　　　　单位：kg

楼层名称	构件类型	钢筋总重kg	HRB335
			25
基础层	筏板基础	4742.084	
	合计	4742.084	
首层	梁	37.191	37.191
	现浇板	1372.262	
	合计	1409.453	37.191
第2层	梁	37.191	37.191
	现浇板	1372.262	
	合计	1409.453	37.191
第3层	梁	37.191	37.191
	现浇板	1372.262	
	合计	1409.453	37.191
第4层	梁	37.191	37.191
	现浇板	1372.262	
	合计	1409.453	37.191
第5层	梁	38.808	38.808
	现浇板	745.302	
	合计	784.11	38.808
全部层汇总	梁	187.572	187.572
	现浇板	6234.35	
	筏板基础	4742.084	
	合计	11164.005	187.572

图 6-24　措施筋汇总表示例

9. 植筋楼层构件类型级别直径汇总表

植筋楼层构件类型级别直径汇总表按照楼层统计不同构件类型的植筋信息，包括级别、直径，同时汇总全部楼层的总量，植筋楼层构件类型级别直径汇总表示例如图 6-25 所示。

植筋楼层构件类型级别直径汇总表

工程名称：某五层办公楼　　　　编制日期：2017-06-18　　　　　　　　　　　单位：个

楼层名称	构件类型	

图 6-25　植筋楼层构件类型级别直径汇总表示例

10. 预埋件楼层构件类型统计表

预埋件楼层构件类型统计表按照楼层统计不同构件类型的预埋件个数，同时汇总全部楼层的总量，预埋件楼层构件类型统计表示例如图 6-26 所示。

预埋件楼层构件类型统计表

工程名称：某五层办公楼　　　编制日期：2017-06-18　　　单位：个

楼层名称	构件类型	个数

图 6-26　预埋件楼层构件类型统计表示例

6.2　土建算量小"表"妹

6.2.1　土建算量汇总计算

(1) 首先双击打开桌面上广联达土建算量软件，如图 6-27 所示。

(2) 单击"打开工程"图标按钮，选择需要打开的工程，如图 6-28 所示。

图 6-27　打开软件

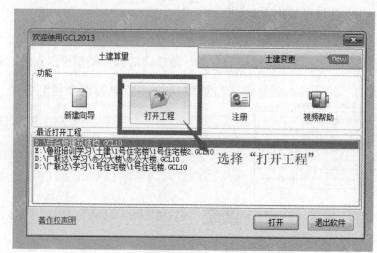

图 6-28　打开工程

(3) 打开工程后，检查所做工程是否有遗漏，如果没有则单击工具栏中的"汇总计算"图标按钮进行工程量汇总，如图 6-29 所示。

土建工程量汇总
报表预览.mp4

图 6-29 汇总计算

(4) 在弹出的对话框中选择需要汇总的楼层，此处单击"全选"按钮，如图 6-30 所示。

(5) 单击"确定"按钮，汇总计算完毕后，打开左侧的"模块导航栏"中的"报表预览"项，在弹出的对话框中设置报表范围，如图 6-31 所示。

(6) 单击"全选"按钮后，再单击"确定"按钮，就可以查看软件自动生成的报表了。

土建算量软件报表中同样分为 3 种表格，分别为做法汇总分析、构件汇总分析、指标汇总分析。根据标书的不同模式(清单模式、定额模式、清单和定额模式)，报表的形式会有所不同。

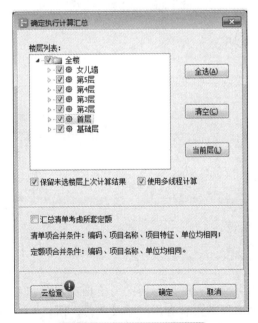

图 6-30 确定执行计算汇总

图 6-31　设置报表范围

6.2.2 做法汇总分析

做法汇总分析表的组成内容如下。

(1) 清单汇总表。

(2) 清单楼层明细表。

(3) 清单构件明细表。

(4) 清单部位计算书。

(5) 清单定额汇总表。

(6) 清单定额楼层明细表。

(7) 清单定额构件明细表。

(8) 清单定额部位计算书。

(9) 构件做法汇总表。

做法汇总分析表显示当前工程中所套用的清单项及定额子目的工程量，由于本套工程并没有套用清单及定额，所以下面就简单介绍一下各个表格的作用。做法汇总分析表包括的各项内容如图 6-32 所示。

图 6-32　做法汇总分析

1. 清单汇总表

该报表汇总所选楼层及构件(通过设定报表范围实现楼层及构件的选择)下的所有清单项及其对应的工程量汇总，如图 6-33 所示。

清单汇总表

工程名称：某五层办公楼　　　　　　　　　　　　　　　　　　　编制日期：2017-06-19

序号	编码	项目名称	单位	工程量	工程量明细	
					绘图输入	表格输入

图 6-33　清单汇总表示例

2. 清单楼层明细表

显示每条清单项在所选输入形式/所选楼层的工程量明细，如图 6-34 所示。

3. 清单构件明细表

显示每条清单项在所选输入形式/所选楼层及所选构件的工程量明细，如图 6-35 所示。

清单楼层明细表

工程名称：某五层办公楼　　　　　　　　　　　　　　　　　　　编制日期：2017-06-19

序号	编码	项目名称/楼层名称	单位	工程量

图 6-34　清单楼层明细表示例

清单构件明细表

工程名称：某五层办公楼　　　　　　　　　　　　　　　　编制日期：2017-06-19

序号	编码/楼层	项目名称/构件名称	单位	工程里

图 6-35　清单构件明细表示例

4. 清单部位计算书

显示每条清单项在所选输入形式、所选楼层及所选构件的每个构件图元的工程量表达，如图 6-36 所示。

清单部位计算书

工程名称：某五层办公楼　　　　　　　　　　　　　　　　编制日期：2017-06-19

序号	编码	项目名称/构件名称/位置/工程里明细	单位	工程里

图 6-36　清单部位计算书示例

5. 清单定额汇总表

该报表汇总所选楼层及构件(通过设定报表范围实现楼层及构件的选择)下的所有清单项及定额子目所对应的工程量汇总，如图 6-37 所示。

清单定额汇总表

工程名称：某五层办公楼　　　　　　　　　　　　　　　　编制日期：2017-06-19

序号	编码	项目名称	单位	工程里	工程里明细	
					绘图输入	表格输入

图 6-37　清单定额汇总表示例

6. 清单定额楼层明细表

显示清单项下每条定额子目在所选输入形式/所选楼层的工程量明细，如图 6-38 所示。

清单定额楼层明细表

工程名称：某五层办公楼　　　　　　　　　　　　　　　　编制日期：2017-06-19

序号	编码	项目名称/楼层名称	单位	工程量

图 6-38　清单定额楼层明细表示例

7. 清单定额构件明细表

显示清单项下每条定额子目在所选输入形式/所选楼层及所选构件的工程量明细，如图 6-39 所示。

清单定额构件明细表

工程名称：某五层办公楼　　　　　　　　　　　　　　　　编制日期：2017-06-19

序号	编码/楼层	项目名称/构件名称	单位	工程量

图 6-39　清单定额构件明细表示例

8. 清单定额部位计算书

显示清单项下每条定额子目在所选输入形式/所选楼层及所选构件的每个构件图元的工程量表达式，如图 6-40 所示。

清单定额部位计算书

工程名称：某五层办公楼　　　　　　　　　　　　　　　　编制日期：2017-06-19

序号	编码	项目名称/构件名称/位置/工程量明细	单位	工程量

图 6-40　清单定额部位计算书示例

9. 构件做法汇总表

查看所选楼层及所选构件的清单定额做法及对应的工程量和表达式说明,如图6-41所示。

构件做法汇总表

工程名称:某五层办公楼　　　　　　　　　　　　　　　　编制日期:2017-06-19

编码	项目名称	单位	工程量	表达式说明

图 6-41　构件做法汇总表示例

6.2.3 构件汇总分析

构件汇总分析表的组成内容如下。

(1) 绘图输入工程量汇总表(按构件)。

(2) 绘图输入工程量汇总表(按楼层)。

(3) 绘图输入构件工程量计算书。

(4) 绘图输入构件工程量明细表一。

(5) 绘图输入构件工程量明细表二。

(6) 表格输入做法工程量计算书。

(7) 绘图输入人防墙工程量汇总表。

(8) 绘图输入构件超高模板汇总表。

构件汇总分析表的组成具体如图6-42所示。

构件汇总分析
　　绘图输入工程量汇总表(按构件)
　　绘图输入工程量汇总表(按楼层)
　　绘图输入构件工程量计算书
　　绘图输入构件工程量明细表一
　　绘图输入构件工程量明细表二
　　表格输入做法工程量计算书
　　绘图输入人防墙工程量汇总表
　　绘图输入构件超高模板汇总表

图 6-42　构件汇总分析

1. 绘图输入工程量汇总表(按构件)

查看整个工程绘图输入下所选楼层和构件的工程量，可以在"报表构件类型"中选择，导航条快速选择预览指定构件类型的工程量汇总，如图 6-43、图 6-44 所示。

图 6-43　构件类型

绘图输入工程量汇总表-墙

工程名称：某五层办公楼						清单工程量								编制	
		工程量名称															
楼层	构件名称	墙面积(m2)	墙体积(m3)	内墙脚手架度(m)	超高内脚手架度(m)	高墙脚手架面积(m2)	外墙外脚手架面积(m2)	外墙内脚手架面积(m2)	内墙脚手架面积(m2)	外墙外侧钢丝网片总长度(m)	外墙内侧钢丝网片总长度(m)	内墙两侧钢丝网片总长度(m)	外部梁钢丝网片长度(m)	外部柱钢丝网片长度(m)	内部梁钢丝网片长度(m)	内部柱钢丝网片长度(m)	墙外侧挂钢丝网片满网面积(m2)
基础层	QTQ-1	135.12	27.0242	0	0	0	0	0	189.2	0	0	144	0	0	0	144	0
	QTQ-1-外	88.6855	17.737	0	0	127.5363	122.6616	0	0	40	40	0	0	40	0	40	118.932
	小计	**223.8055**	**44.7612**	**0**	**0**	**127.5363**	**122.6616**	**0**	**189.2**	**40**	**40**	**144**	**0**	**40**	**0**	**184**	**118.932**
	弧形墙4.2[外墙]	12.6283	2.8784	0	0	27.2848	25.9696	0	0	9.6736	19.074	0	9.6736	0	4.47	14.6	11.8222
	外墙…	244…	43.3…			5.85	5.85			83.9…	…		224	42		407	245

图 6-44　墙构件汇总表示例

2. 绘图输入工程量汇总表(按楼层)

查看整个工程绘图输入下所选楼层和构件的工程量，如图 6-45 所示。

绘图输入工程量汇总表-基础层

工程名称：某五层办公楼　　　　　　　清单工程量　　　　　　　编制日期：2017-06-19

序号	构件名称	工程量
一、墙		
1	QTQ-1	墙面积=135.12m2 墙体积=27.0242m3 内墙脚手架面积=189.2m2 内墙两侧钢丝网片总长度=144m 内部墙柱钢丝网片长度=144m 钢丝网片总长度=144m 墙厚=1.6m 墙高=8m 长度=194.6396m
2	QTQ-1-外	墙面积=88.6855m2 墙体积=17.737m3 外墙外脚手架面积=127.5363m2 外墙内脚手架面积=122.6616m2 外墙外侧钢丝网片总长度=40m 外墙内侧钢丝网片总长度=40m 外部墙柱钢丝网片长度=40m 内部墙柱钢丝网片长度=40m 外墙外侧满挂钢丝网片面积=118.932m2 钢丝网片总长度=80m 墙厚=1.6m 墙高=8m 长度=126.7638m
二、柱		
		柱周长=1.6m 柱体积=2.4m3 柱墙抹面积=24m2

图 6-45　基础层工程量汇总表示例

3. 绘图输入构件工程量计算书

查看整个工程绘图输入下所选楼层和构件的工程量计算式，如图 6-46 所示。

绘图输入构件工程量计算书

工程名称：某五层办公楼　　　　　　　清单工程量　　　　　　　编制日期：2017-06-19

基础层			
一、墙			
序号	构件名称	图元位置	工程量计算式
		墙面积 = 135.12m2	
		〈1,C〉〈8,C〉	墙面积 = (45.7198〈长度〉*1〈墙高〉)-11.2577〈扣基础梁〉-2.5121〈扣柱〉 = 31.95m2
		〈8,B〉〈1,B〉	墙面积 = (45.7198〈长度〉*1〈墙高〉)-11.2577〈扣基础梁〉-2.5121〈扣柱〉 = 31.95m2
		〈2,D〉〈2,A〉	墙面积 = (17.2〈长度〉*1〈墙高〉)-4.3〈扣基础梁〉-0.9〈扣柱〉 = 12m2
		〈3,D〉〈3,A〉	墙面积 = (17.2〈长度〉*1〈墙高〉)-4.3〈扣基础梁〉-0.9〈扣柱〉-0.15〈扣构造柱〉-0.045〈扣马牙槎〉 = 11.805m2
		〈4,D〉〈4,A〉	墙面积 = (17.2〈长度〉*1〈墙高〉)-4.3〈扣基础梁〉-0.9〈扣柱〉-0.15〈扣构造柱〉-0.045〈扣马牙槎〉 = 11.805m2
		〈5,D〉〈5,A〉	墙面积 = (17.2〈长度〉*1〈墙高〉)-4.3〈扣基础梁〉-0.9〈扣柱〉-0.15〈扣构造柱〉-0.045〈扣马牙槎〉 = 11.805m2
		〈6,A〉〈6,D〉	墙面积 = (17.2〈长度〉*1〈墙高〉)-4.3〈扣基础梁〉-0.9〈扣柱〉-0.15〈扣构造柱〉-0.045〈扣马牙槎〉 = 11.805m2
		〈7,D〉〈7,A〉	墙面积 = (17.2〈长度〉*1〈墙高〉)-4.3〈扣基础梁〉-0.9〈扣柱〉 = 12m2
		墙体积 = 27.0242m3	
			墙体积 = (45.7198〈长度〉*1〈墙高〉*0.2〈墙厚〉)-2.2515〈扣基础梁〉-0.5017〈扣柱〉-0.0

图 6-46　计算书示例

4. 绘图输入构件工程量明细表一

查看整个工程绘图输入下所选楼层和构件的工程量明细，如图 6-47 所示。

绘图输入构件工程量明细表-墙

工程名称：某五层办公楼　　　　　　清单工程量　　　　　　编制日期：2017-06-19

序号	构件名称	楼层	墙面积(m2)	墙体积(m3)	内墙脚手架度(m)	超高内墙脚手架度(m)	外墙脚手架内外手长(m)	外墙脚手架内外手面积(m2)	内墙脚手架面积(m2)	外外内侧丝网片总长(m)	部外内两侧丝网片总长(m)	外墙柱内侧丝网片长度(m)	内部墙梁钢丝网片长度(m)	内部墙柱钢丝网片长度(m)	部内外侧丝网满铺网片面积(m2)	钢丝网片总长(m)	墙厚(m)	墙高(m)	长度(m)
1	NQ-1	第2层	450.386	90.3332	6.2	6.2	0	0	597.864	0	683.32	0	355.08	328.24	0	683.32	3.8	68.4	171.4396
		第3层	380.886	76.4332	6.2	6.2	0	0	522.848	0	605.32	0	313.88	291.44	0	605.32	2.8	50.4	149.8396
		第4层	380.886	76.4332	6.2	6.2	0	0	520.056	0	605.32	0	313.88	291.44	0	605.32	2.8	50.4	149.4396
		第5层	381.558	76.4332	6.2	6.2	0	0	522.528	0	561.6	0	269.2	292.4	0	561.6	2.8	50.4	149.4396
		小计	1593.716	319.6328	24.8	24.8	0	0	2163.296	0	2455.56	0	1252.04	1203.52	0	2455.56	12.2	219.6	620.5584
2	QTQ-1	基础层	135.12	27.0242	0	0	0	189.2	0	144	0	144	0	144	1.6	8	194.396
		女儿墙	60.5935	14.5424	0	0	76.5218	75.4128	127.5363	125.6741	0	127.5363	0	125.6741	61.0374	253.2104	1.92	4.8	126.6097
		小计	195.7135	41.5666	0	0	76.5218	75.4128	189.2	127.5363	125.6741	144	127.5363	0	125.6741	144	61.0374	397.2104	3.52	12.8	321.2493
	QTQ	基础层	88.6855	17.737	0	0	127.5363	122.6516	0	40	40	0	40	0	118.932	80	1.6	8	126.7638

图 6-47　墙构件工程量明细示例

5. 绘图输入构件工程量明细表二

查看整个工程绘图输入下所选楼层和构件的工程量明细，如图 6-48 所示。

绘图输入构件工程量明细表

工程名称：某五层办公楼　　　　　　清单工程量　　　　　　编制日期：2017-06-19

序号	构件名称	工程量名称	单位	小计	基础层	首层	第2层	第3层	第4层	第5层	女儿墙
一、墙											
1	NQ-1	墙面积	m2	1593.716	0	0	450.386	380.886	380.886	381.558	0
		墙体积	m3	319.6328	0	0	90.3332	76.4332	76.4332	76.4332	0
		内墙脚手架	m	24.8	0	0	6.2	6.2	6.2	6.2	0
		超高内墙脚	m	24.8	0	0	6.2	6.2	6.2	6.2	0
		内墙脚手架	m2	2163.296	0	0	597.864	522.848	520.056	522.528	0
		内墙两侧钢丝网片总长	m	2455.56	0	0	683.32	605.32	605.32	561.6	0
		内部墙梁钢丝网片长度	m	1252.04	0	0	355.08	313.88	313.88	269.2	0
		内部墙柱钢丝网片长度	m	1203.52	0	0	328.24	291.44	291.44	292.4	0
		钢丝网片总	m	2455.56	0	0	683.32	605.32	605.32	561.6	0
		墙厚	m	12.2	0	0	3.8	2.8	2.8	2.8	0
		墙高	m	219.6	0	0	68.4	50.4	50.4	50.4	0
		长度	m	620.5584	0	0	171.4396	149.8396	149.4396	149.8396	0
		墙面积	m2	195.7135	135.12	0	0	0	0	0	60.5935
		墙体积	m3	41.5666	27.0242	0	0	0	0	0	14.5424

图 6-48　构件工程量明细示例

6. 表格输入做法工程量计算书

汇总表格输入当前楼层的构件做法工程量及其计算书；用户需要查看表格输入中所有的量时单击这张报表查看，如图 6-49 所示。

表格输入做法工程量计算书

工程名称：某五层办公楼　　　　　　　　　　　　　　　　　　**编制日期：2017-06-19**

图 6-49　表格输入做法工程量计算书示例

7. 绘图输入人防墙工程量汇总表

查看整个工程人防墙的工程量，如图 6-50 所示。

绘图输入人防墙工程量汇总表

工程名称：某五层办公楼　　　　　　　　　　**清单工程量**　　　　　　　　　　**编制日期：2017-06-19**

楼层	构件类型	工程量名称							
		体积(m3)	面积(m2)	模板面积(m2)	脚手架面积(m2)	外墙外脚手架面积(m2)	内墙脚手架面积(m2)	洞口面积(m2)	数量(个)

图 6-50　人防墙工程量汇总表示例

8. 绘图输入构件超高模板汇总表

按支模高度统计混凝土构件的工程量，如图 6-51 所示。

绘图输入构件超高模板汇总表–墙

工程名称：某五层办公楼　　　　　　清单工程量　　　　　　**编制日期：2017-06-19**

楼层	名称	长度(m)	墙高(m)	墙厚(m)	墙面积(m2)	墙体积(m3)	内墙脚手架长度	超高墙脚手架长度	外墙外脚手架面积(m2)	外墙内脚手架面积(m2)	内墙脚手架面积(m2)	外墙外侧钢丝片长度	外墙内侧钢丝片长度	内两侧钢丝网长度	外部梁柱丝片长度	外部柱钢丝片长度	内部梁柱丝片长度	内部柱丝片长度	外墙内外侧满挂丝网面积(m2)	钢丝网片总长度
基础层	QTQ-1	194.6396	8	1.6	135.12	27.0242	0	0	0	0	189.2	0	0	144	0	0	0	144	0	144
	QTQ-1-外	126.7638	8	1.6	88.6855	17.737	0	0	127.5363	122.6616	0	40	40	0	0	40	0	40	118.932	80
	小计	**321.4034**	**16**	**3.2**	**223.8055**	**44.7612**	**0**	**0**	**127.5363**	**122.6616**	**189.2**	**40**	**40**	**144**	**0**	**40**	**0**	**184**	**118.932**	**224**
首层	弧形墙4.2[外墙]	4.9393	8.4	0.48	12.6283	2.8784	0	0	27.2848	25.9696	0	9.6736	19.074	0	9.6736	0	4.474	14.6	11.8222	28.7476
	外墙4.2[外墙]	120.8	33.6	1.6	344.22	68.844	0	0	565.9139	595.376	0	360.6	253.2	0	234.4	126.2	127	126.2	345.68	613.8

图 6-51　墙超高模板汇总表示例

6.2.4 指标汇总分析

指标汇总分析表包括单方混凝土指标表、工程综合指标表和混凝土标号指标表 3 个报表，如图 6-52 所示。

　　📁 指标汇总分析
　　├ ⊛ 单方混凝土指标表
　　├ ⊛ 工程综合指标表
　　├ ⊛ 混凝土标号指标表

图 6-52　指标汇总分析

（1）单方混凝土指标表。汇总整个工程各构件类型所对应的单方混凝土指标，当用户需要单方混凝土的指标时，软件对所有的混凝土进行分析，直接单击查看即可，如图 6-53 所示。

（2）工程综合指标表。汇总整个工程指标项所对应的工程量指标，当用户需要所有的工程量指标时，查看这张报表即可，如图 6-54 所示。

工程综合指标表.mp3

单方混凝土指标表(m³/100m²)

工程名称：某五层办公楼   清单工程量   **编制日期：2017-06-19**

序号	指标项	楼层	工程量 (m³)	建筑面积 (m²)	合计 (m³/100m²)	合计其中 (m³/100m²)			
						C20	C25	C30	C35
1	柱	基础层	3.996	0	—	—	—	—	—
		首层	22.3571	811.9974	2.7533	0	0.1051	0	2.6483
		第2层	19.1459	0	—	—	—	—	—
		第3层	19.1459	0	—	—	—	—	—
		第4层	19.1459	0	—	—	—	—	—
		第5层	19.1459	0	—	—	—	—	—
		小计	102.9367	811.9974	12.677	0	0.4759	0	12.201
2	梁	首层	42.0931	811.9974	5.1839	0	0	5.1839	0
		第2层	41.5981	0	—	—	—	—	—
		第3层	41.5981	0	—	—	—	—	—
		第4层	41.5981	0	—	—	—	—	—
		第5层	41.5056	0	—	—	—	—	—
		女儿墙	5.4497	0	—	—	—	—	—
		小计	213.8427	811.9974	26.3354	0	0.6711	25.6643	0
3	板	首层	80.3868	811.9974	9.8999	0	0.1348	9.765	0
		第2层	80.8214	0	—	—	—	—	—
		第3层	80.8214	0	—	—	—	—	—
		第4层	80.8215	0	—	—	—	—	—
		第5层	78.7131	0	—	—	—	—	—
		小计	401.5642	811.9974	49.4539	0	0.6994	48.7545	0
4	基础	基础层	597.1743	0	—	—	—	—	—
		小计	597.1743	0	—	—	—	—	—

图 6-53 单方混凝土指标表示例

(3) 混凝土标号指标表。汇总整个工程中各个不同标号混凝土用量表，如图 6-55 所示。

工程综合指标表

工程名称：某五层办公楼　　　　　清单工程里　　　　　**编制日期：2017-06-19**

序号	指标项	单位	工程里	百平米指标
总建筑面积(m2)：811.997376276978				
一、土方指标				
1.1	挖土方	m3	1127.6559	138.8743
1.2	灰土回填	m3	107.6318	13.2552
1.3	素土回填	m3	18.5166	2.2804
1.4	回填土	m3	126.1484	15.5356
1.5	运余土	m3	1001.5075	123.3388
二、砼指标				
2.1	砼基础	m3	597.1743	73.5439
2.2	砼墙	m3	0	0
2.3	砼柱	m3	102.9367	12.677
2.4	砼梁	m3	213.8429	26.3354
2.5	砼板	m3	401.5642	49.4539
2.6	楼梯	m3	26.2671	3.2349
三、模板指标				
3.1	砼基础	m2	545.5584	67.187
3.2	砼墙	m2	0	0
3.3	砼柱	m2	931.1913	114.6791
3.4	砼梁	m2	1813.7591	223.3701
3.5	砼板	m2	3517.3457	433.1721
3.6	楼梯	m2	246.1037	30.3084
四、砖石指标				

图 6-54　工程综合指标表示例

混凝土标号指标表

工程名称：某五层办公楼　　　　　清单工程里　　　　　**编制日期：2017-06-19**

楼层	构件	合计(m3)	砼标号			
			C20	C25	C30	C35
基础层	柱	3.996	-	0.156	-	3.84
	基础	597.1743	93.9606	-	40.1591	463.0546
首层	柱	22.3571	-	0.8531	-	21.504
	梁	42.0931	-	-	42.0931	-
	板	80.3868	-	1.095	79.2918	-
第2层	柱	19.1459	-	0.7139	-	18.432
	梁	41.5981	-	-	41.5981	-
	板	80.8214	-	1.5281	79.2933	-
	柱	19.1459	-	0.7139	-	18.432

图 6-55　混凝土标号指标表示例

第 7 章 CAD 图纸的导入与识别你会吗

CAD 图纸导入是区别于手动绘制的另一种绘图方式，尤其是对于一些比较复杂的图纸来说，CAD 图纸导入能够更快捷地进行 BIM 建模。

CAD 图纸导入虽然在一些复杂构件的信息输入上比手动输入构件信息更快捷、方便，然而却会在一些构件的属性上出现误差，这时就需要根据图纸内容进行相应的调整。

对于广联达算量软件来说，一般是先进行钢筋算量，然后将钢筋算量文件导入土建算量软件，所以先进行广联达钢筋算量软件的导入。在绘图输入之前，需要先根据图纸进行一些简单的工程信息输入，然后再进行 CAD 图纸的导入工作。

7.1 导入 CAD 文件并不难

首先打开广联达钢筋算量软件(以下简称"钢筋软件")，新建工程后，设置好计算规则、楼层信息和混凝土强度等信息。切换到绘图输入界面中，在左侧的"模块导航栏"中打开"CAD 识别"导航栏，按照导航栏的顺序进行操作即可，如图 7-1 所示。

导入图纸与手动分割.mp4

图 7-1 CAD 识别列表

单击"CAD 识别"中的"CAD 草图"项，在导航栏右边的"图纸管理"中选择"添加图纸"，然后找到存放 CAD 图纸文件的路径并打开，如图 7-2 所示。

图 7-2　添加图纸

　　由于现在大部分的 CAD 图由多个 CAD 图元单元组成，在导入之前可以先在 CAD 软件中分割成单个图元再导入，或者可以在导入后进行手动分割，分割成单个图元再进行识别绘制。

　　以下以手动分割为例介绍其具体步骤。

　　(1) 在图纸文件列表中单击"手动分割"选项。

　　(2) 根据软件下方的提示进行操作，框选所要分割的图元，单击右键确认。

　　(3) 在弹出的界面中将光标移动到图纸的名称上单击，再单击"确定"按钮(见图 7-3)，一张图纸就分割好了。以此类推，将其他图纸也分割好。

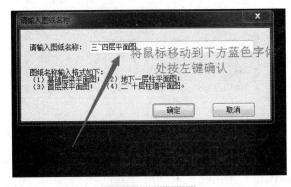

图 7-3　图纸命名

注：　只分割需要的图纸，其余的不用管或将其删去即可。

7.2　识别图纸构件很简单

7.2.1　识别轴网

（1）在分割好的图纸中选择一张轴网齐全的进行识别，在导航栏中单击"识别轴网"图标按钮，然后提取轴线，将光标移动到轴线上，单击右键确认，如图 7-4 所示。

绘制轴网.mp4

图 7-4　识别轴网

（2）提取轴标识，将光标移动到轴标识上，单击右键确认。

（3）单击"提取轴线标识"旁的"识别轴网"图标按钮，选择"自动识别轴网"命令。

（4）确认。在 CAD 图层显示中勾选"已提取的 CAD 图层"，看提取的轴网是否完整。

(5) 设置比例。单击工具栏中"设置比例"按钮，连接任意两点之间的轴线，在弹出的界面中看实际尺寸是否与轴线上的尺寸一致，如果不一致，则输入实际尺寸调整比例，如图 7-5 所示。

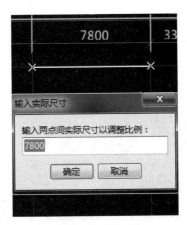

图 7-5 比例调整

7.2.2 识别柱大样

(1) 单击图纸管理中的"-1.000~18.550 柱平法平面图.CADI(当前图纸)"，切换到当前图纸，在左侧"CAD 识别"中选择"识别柱大样"。

(2) 单击工具栏中的"提取柱边线"按钮，选中需要提取的柱边线，单击右键确认，选中的柱边线自动消失。检查本图中的柱边线是否全部提取，如果没有则重新提取未消失的柱边线，如图 7-6 所示。

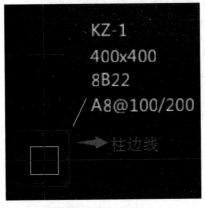

图 7-6 提取柱边线

识别柱大样.mp4

215

(3) 单击工具栏中的"提取柱标识"按钮,选中需要提取的"柱标识",单击右键确认,选中的"柱标识"自动消失。检查本图中的"柱标识"是否全部提取,如果没有则重新提取未消失的"柱标识",如图 7-7 所示。

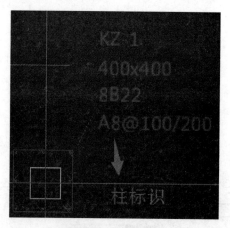

图 7-7　提取柱标识

(4) 单击工具栏中的"提取钢筋线"按钮,选中需要提取的"钢筋线",单击右键确认,选中的"钢筋线"自动消失。检查本图中的"钢筋线"是否全部提取,如果没有则重新提取未消失的"钢筋线",如图 7-8 所示。

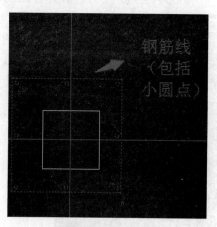

图 7-8　提取钢筋线

(5) 单击工具栏中的"识别柱大样"按钮,选择"自动识别柱大样"。在弹出的"柱大样校核,双击可跟踪到构件位置"界面中,查看识别出的柱大样信息是否与图纸上一致;如果不一致,则在柱的"属性编辑框"中进行修改,如图 7-9 所示。

图 7-9　柱大样校核

(6) 修改完成后，则根据图纸进行柱的绘制工作。

7.2.3 识别梁

(1) 将图纸管理中的梁平法平面图切换为当前图纸，单击左侧"CAD 识别"中的"识别梁"。

(2) 提取梁边线。单击工具栏中的"提取梁边线"按钮，将光标移到绘图区，提取梁的边线，单击右键确认，如图 7-10 所示。

图 7-10　提取梁边线

(3) 提取梁标注。单击工具栏中的"提取梁标注"，将光标移到绘图区，提取梁的标注，单击右键确认。注意：要将梁的原位标注也选中，如图 7-11 所示。

(4) 识别梁。单击工具栏中"识别梁"的自动识别梁。在弹出的梁跨校核界面中，根据图纸信息将梁的信息进行更正，如图 7-12 所示。

识别梁.mp4

图 7-11　提取梁标注

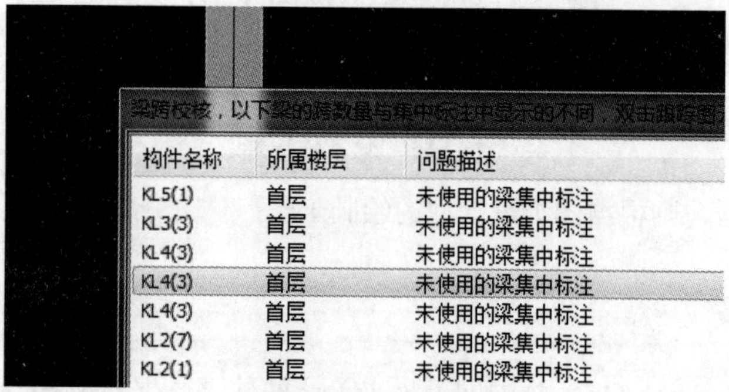

图 7-12　梁跨校核

(5) 识别梁原位标注。单击工具栏中"识别梁原位标注"的"自动识别梁原位标注"，对没有识别出来的原位标注手动输入梁原位标注，如图 7-13 所示。

KL-1 250*550
B8@100/200(4) 2B22;2B25
G4B14

图 7-13　识别梁原位标注

7.2.4　识别板

(1) 识别板标识。单击打开左侧导航栏中的"CAD 识别"，选择"识别板"选项，如

图 7-14 所示。

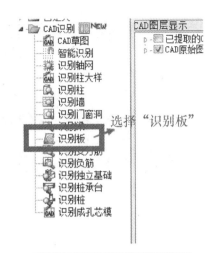

选择"识别板"

识别板.mp4

图 7-14　选择"识别板"选项

　　然后，在工具栏中单击"提取板标注"图标按钮，选中板标注，单击右键确认，如图 7-15 所示。

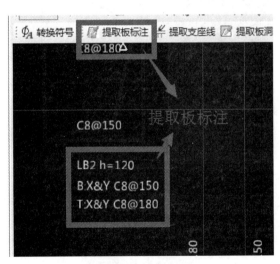

图 7-15　提取板标注

　　(2) 提取支座线(即梁边线)。在工具栏中单击"提取支座线"图标按钮(也就是梁的边线)，单击右键确认，如图 7-16 所示。

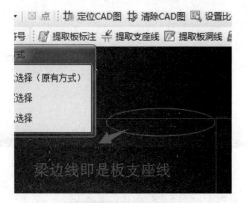

图 7-16 提取支座线

(3) 提取板洞线。板洞线就是楼梯间或通风管道的线，此图中楼梯间的线与支座线结合在一起，所以此图无法识别板洞线，因此在下一步自动识别板的时候要将楼梯间上的板删去，如图 7-17 所示。

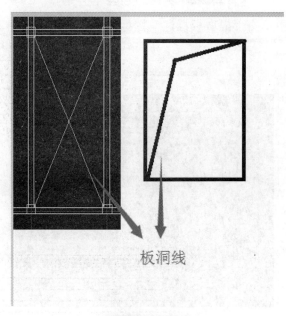

图 7-17 板洞线

(4) 自动识别板。单击工具栏上的"自动识别板"图标按钮，弹出"识别板选项"对话框，如图 7-18 所示，单击"确定"按钮。

弹出"识别板"的构件信息，根据图纸"未标注的板厚均为 100mm"将构件信息输入空格内，单击"确定"按钮，如图 7-19、图 7-20 所示。

图 7-18　"识别板选项"对话框

图 7-19　图纸信息

1. 未标注的板厚均为100mm,混凝土为C30.
2. 板分布钢筋均为A6@250.
3. 卫生间板顶标高比层顶标高低100mm.

软件自动生成板图元,根据弹出的"板图元校核"可以看出"未标注的板"为楼梯间的板和多余的板,因此需要将楼梯间的板和多余的板删去。

根据图纸给出的信息"卫生间板顶标高比层顶标高低 100mm",所以需要找到哪块是卫生间的板并修改;打开 CAD 建筑图纸,找到卫生间的位置,选中卫生间的板并单击右键,选择快捷菜单中的"构件属性编辑器"命令,如图 7-21 所示。

在"属性编辑器"中"顶标高"一行中减去 100mm,然后可以进行动态观察,如图 7-22、图 7-23 所示。

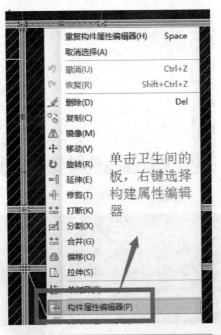

单击卫生间的板，右键选择构建属性编辑器

图 7-21 选择"构件属性编辑器"命令

属性编辑器

	属性名称	属性值
1	名称	LB1
2	混凝土强度等级	(C30)
3	厚度	
4	顶标高(m)	层顶标高-0.1 (4.1)
5		
6	马凳筋参数图	
7	马凳筋信息	
8	线形马凳筋方向	平行横向受力筋
9	拉筋	
10	马凳筋数量计算方	向上取整+1
11	拉筋数量计算方式	向上取整+1
12	归类名称	(LB1)
13	汇总信息	现浇板
14	备注	
15	显示样式	

图 7-22 属性编辑

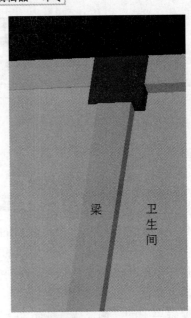

梁 卫生间

图 7-23 动态观察

由于首层到第四层的板是相同的，可以通过菜单栏中的"楼层"→"复制选定图元到其他楼层"命令进行绘制。此时，识别板的步骤就完成了，至于屋面层的板就需要重新识别了，如图 7-24 所示。

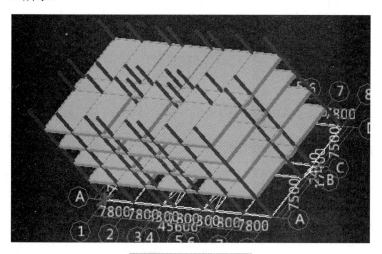

图 7-24　三维动态观察

7.2.5 ▎识别板筋

（1）提取板钢筋线。单击左侧"模块导航栏"中"CAD 识别"→"识别受力筋"选项，单击工具栏中的"提取板钢筋线"图标按钮，选中图中的钢筋线，单击右键确认，如图 7-25、图 7-26 所示。

图 7-25　选择"识别受力筋"选项

图 7-26　提取板钢筋线

（2）提取钢筋标注。单击工具栏中的"提取板钢筋标注"图标按钮，选中图中的钢筋标注,单击右键确认,如图7-27所示。

(3) 提取支座线(已在识别板中提取,所以不需要重新提取),如图7-28所示。

图7-27 提取板钢筋标注

图7-28 提取支座线

(4) 自动识别板筋。单击工具栏中的"自动识别板筋"图标按钮,弹出界面,确认柱、梁、板等绘制完成后,单击"是"按钮,弹出识别板筋选项界面,根据图纸给出的信息进行填写,如果没有则不填,如图7-29至图7-31所示。

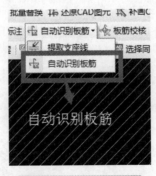

图7-29 自动识别板筋

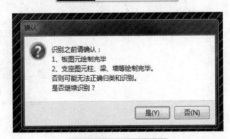

图7-30 识别确认

图 7-31 识别板筋选项

单击"确定"按钮后，出现"自动识别板筋"对话框，核对信息无误后，单击"确定"按钮，如图 7-32 所示。

(5) 板筋校核。根据弹出的"板筋图元校核"对话框，对有布筋范围重叠的部分进行修改或删除；图中红色的部分就是重叠的部分，如图 7-33 所示。

编号	名称	钢筋信息	类别
1	FJ-C8@150	C8@150	负筋
2	FJ-1	B12@200	负筋
3	SLJ-C8@180	C8@180	底筋
4	LB1-底-X	C8@200	底筋X方向
5	LB1-底-Y	C8@200	底筋Y方向
6	LB1-面-X	C8@180	面筋X方向
7	LB1-面-Y	C8@180	面筋Y方向
8	LB3-底-X	C8@200	底筋X方向
9	LB3-底-Y	C8@200	底筋Y方向
10	LB3-面-X	C8@200	面筋X方向
11	LB3-面-Y	C8@200	面筋Y方向
12	LB2-底-X	C8@150	底筋X方向
13	LB2-底-Y	C8@150	底筋Y方向
14	LB2-面-X	C8@180	面筋X方向
15	LB2-面-Y	C8@180	面筋Y方向

构件归类依赖于支座判断，无支座的钢筋被归为"未分类钢筋"，可以手动调整。

识别选项　　确定　　取消

图 7-32 自动识别板筋

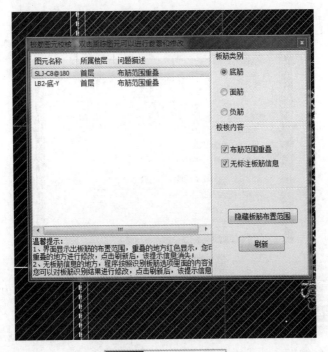

图 7-33　板筋图元校核

修改完成后的情况如图 7-34 所示。

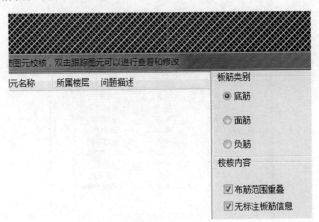

图 7-34　修改之后

(6) 识别板负筋的步骤与识别板受力筋的方法一样。

7.2.6 ▌识别墙

（1）提取砌体墙边线。在图纸管理中切换"一层平面图"为当前页面，如图 7-35 所示。

识别砌体墙.mp4

图 7-35　图纸切换

单击"模块导航栏"中的"CAD 识别"→"识别墙"选项，单击工具栏中的"提取砌体墙边线"图标按钮，在绘图区选中墙的边线，单击右键确认，如图 7-36 所示。

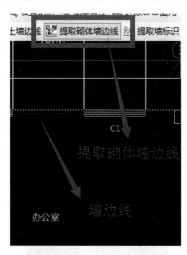

图 7-36　提取砌体墙边线

(2) 提取墙标识。此图中没有墙标识，所以不需要提取。

(3) 提取门窗线。右键单击工具栏中的"提取门窗线"，并在绘图区选中门和窗的边线，右键单击确认，如图 7-37 所示。

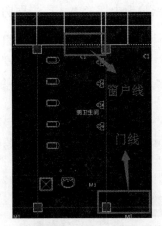

图 7-37　提取门窗线

(4) 识别墙。单击工具栏中的"识别墙"图标按钮，根据软件弹出的对话框，查看信息是否有误，确认后单击"自动识别"按钮，软件将自动生成墙构件，其中将生成的图元有错的地方删除，如图 7-38、图 7-39 所示。

图 7-38　识别墙

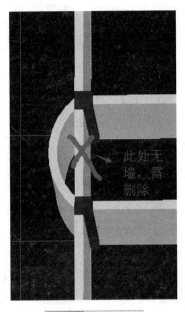

图 7-39　删除构件

　　然后，右键单击多余的墙，选择快捷菜单中的删除或打断，若要删除的墙是单独的构件，则选择删除，若要删除的墙与其他的墙连接在一起，则需要先打断再删除；此处选择先打断再删除，将光标移动到要打断的位置上，单击右键选择确认，这样一段墙就分为两段了，选中要删除的部分，右键选择删除；此时，一层的墙就画好了，其他几层选择相同方法即可，如图 7-40、图 7-41 所示。

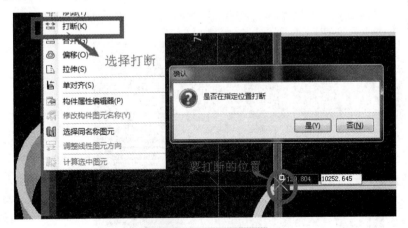

图 7-40　墙体图元打断

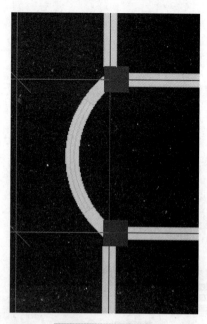

图 7-41 绘制完成

7.2.7 识别门窗表

　　(1) 将当前图纸切换到含有门窗表的图纸中，选择建筑总说明，在"模块导航栏"中选择"识别门窗表"选项，单击工具栏中的"识别门窗表"图标按钮，如图 7-42 所示。

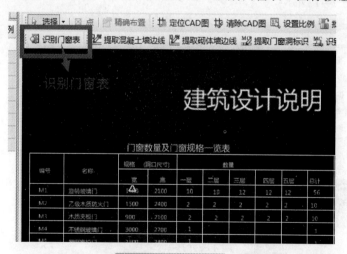

图 7-42 识别门窗表

识别门窗表.mp4

(2) 单击"识别门窗表",单击左键拉框选择需要识别的门窗表,并单击右键确认,在弹出的对话框中选择对应列,并对识别的内容进行相应修改。

修改前如图 7-43 所示。

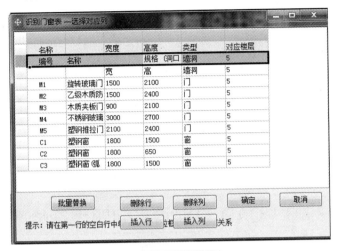

图 7-43   修改前

修改后如图 7-44 所示。

图 7-44   修改后

此时,由于只画了首层的墙,所以对应楼层只有首层,单击确认,然后切换到门窗的定义界面,看一下软件的识别结果,如图 7-45 所示。

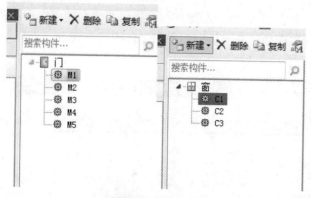

图 7-45   查看定义

此刻，门窗的识别就完成了。

7.3   CAD 识别常见问题大杂烩

问题 1：自动识别梁不完整，应当如何处理？

答：识别梁不完整分为以下三类问题。

(1) 梁跨不完整或识别错误，需要对梁跨进行重新编辑和修改。

(2) 识别时根本未生成梁图元，此种情况主要是未成功使用图纸的集中标注，可以使用手动点选识别等方法进行完善。

(3) 梁边线未生成梁图元，可能是提取的梁边线不完整，或是梁边线断开等情况导致生成不成功，可采用点选识别等方法进行修改。

问题 2：提示"未使用的梁边线"，已提取的线没有生成梁怎么处理？

答：多提取了梁线(无用的边线)，这些线和梁边线为同一图层，执行提取梁边线的操作是按照图层提取的，所以这些线也被一同提取过来了。

解决方法如下。

(1) 可在识别前删除这些 CAD 线。

(2) 梁已正确识别，可以忽略不计。

问题 3：使用图形算量软件或者钢筋算量软件为什么 CAD 图纸导入后不显示？而且双击图纸看不到图？

答：解决方法在这里，原因分析如下。

识别梁构件未生成图元
的解决方法.mp4

(1) 图纸是天正软件做的，需要在天正软件中转成 T3 格式再导入。

(2) CAD 图纸有碎图元。

解决方案如下。

方案一：首先保证安装了天正设计软件，使用天正软件打开 CAD 文件；在天正软件菜单上选择"文件布图"→"图形导出"命令；在"保存类型"中选择"天正 3 文件"，将 CAD 文件转成 TArch3 的文件，然后将导出后的 T3 格式图纸导入软件即可。或者文件布图→批量转旧→选择需要转旧的图纸打开→在弹出的浏览文件夹中选择保存路径→在下面的命令栏中输入输出的类型 T3，按回车键→再在命令栏中输入文件的后缀名按回车键即可。

方案二：打开 CAD 图纸，选中图纸后发现边上离得很远的位置也有被选中的，把多余的那些删除，再把图纸写块。

方案三：把图纸分解后再复制、粘贴。

问题 4：在 CAD 软件中打开图纸，显示是正常的，但导入钢筋中看不到图纸，导入时预览也看不到？

原因：CAD 图中很远处有一些图元，导入钢筋中全屏显示了，所以图元缩得特别小，以至看不到。

处理办法：按 Ctrl+A 组合键选择所有图元，再框选要导的图，这样就选中了很远处的图元，删除即可。这样就选中需要导的图→复制→新建一个空 CAD 图→粘贴到空图纸中→保存新图。

备注：这种操作方式也适用于处理分割 CAD 图、CAD 图坐标过大导入钢筋中看不到图的情况，对于较大的 CAD 图，建议用此方法将图纸分割再导入。

CAD 文件导入软件有部分图元不显示的原因.mp3

如何导入有很多张图纸的 CAD 文件.mp3

CAD 文件导入后显示的很小的原因.mp3

正常显示的构件却无法导入的原因.mp3